JN234341

大原資生 監修／建設工学シリーズ

土木施工

藤原東雄／青砥　宏／石橋孝治／清田　勝 共著

森北出版株式会社

● 本書のサポート情報を当社Webサイトに掲載する場合があります．下記のURLにアクセスし，サポートの案内をご覧ください．

https://www.morikita.co.jp/support/

● 本書の内容に関するご質問は，森北出版 出版部「(書名を明記)」係宛に書面にて，もしくは下記のe-mailアドレスまでお願いします．なお，電話でのご質問には応じかねますので，あらかじめご了承ください．

editor@morikita.co.jp

● 本書により得られた情報の使用から生じるいかなる損害についても，当社および本書の著者は責任を負わないものとします．

■ 本書に記載している製品名，商標および登録商標は，各権利者に帰属します．

■ 本書を無断で複写複製（電子化を含む）することは，著作権法上での例外を除き，禁じられています．複写される場合は，そのつど事前に(一社)出版者著作権管理機構（電話03-5244-5088, FAX03-5244-5089, e-mail：info@jcopy.or.jp）の許諾を得てください．また本書を代行業者等の第三者に依頼してスキャンやデジタル化することは，たとえ個人や家庭内での利用であっても一切認められておりません．

「建設工学シリーズ」発刊の序

　この「建設工学シリーズ」は，大学や高専の建設工学（土木工学）系の学科の学生諸君を対象に，最新の専門的基礎知識を確実に修得するのに有用・適切な教科書として，また参考書として広く用いられることを目指して，発刊されたもので，多くの学生諸君の勉学の伴侶として選ばれることを念願する．

　その企画の段階においては，多くの大学・高専で講義されている教科目を調査・選択して，15巻から成るシリーズとすることとし，各巻それぞれ，その分野で活躍され，現在，高専でその教科目を講義しておられる比較的若手の新進気鋭の先生方に，大学の先生と共著の形で執筆をお願いした．

　建設工学（土木工学）は工学全般の源流であり，人類の進歩とともに発達し，市民生活の向上に，大いに寄与してきたことはすでに周知のことであるが，昨今の社会構造の高度化・複雑化に伴い，建設技術は飛躍的に発展し，応用範囲は多岐にわたり，日々新たな問題にも取り組まざるを得ない状況にある．

　建設技術者を志す者は，この状況を認識して専門的基礎知識を確実に修得し，それを広く応用する能力を培うよう努めることが肝要である．

　このシリーズは，各巻とも，各執筆者が優れた教育経験を十分に生かし，懇切・丁寧な説明と多くの例題や演習問題によって，主要な専門的基礎知識の理解がより確かなものとなるよう配慮されており，建設工学系学生の教科書として最適なものとなっている．

　建設技術者を目指す学生諸君は，このシリーズによる学習において，十分に研鑽の実を上げ得るものと確信する．

1997年2月

監修者　大原資生

まえがき

　本書は大学や高専の学生を対象にして，土木工事を施工する際に必要な基本的事項について著したものである．

　土木工学において，いわゆる三力（土質地盤工学，構造工学，水理学）は歴史も古く理論的に体系付けられており，教科書も多く出版されているが，土木施工法は三力をマスターしたうえで，土木工学全般にわたり修得し，現場での経験を積み重ねて初めて体得できる学問といえる．

　最近の土木工事はますます大規模化し，また多様化しているため，現場技術者がその経験を基にして，執筆することが望ましい．そこで本書の編集にあたっては，実際に施工に携わっている方にも著者に参加してもらった．

　本書では，土木工事全般にわたり説明しないで，施工するにあたり必要なものとして，1章では最新の土工機械のデータと合理的な土工掘削運搬について，2章では基礎の支持力公式の解説と現場施工例について，3章ではコンクリート構造物を施工するに必要な基本的事項について，4章では最近のトンネル掘削工法について，5章では工程管理の中で特にネットワーク手法と品質管理および最近話題になっているISOの概要について取り上げた．図表や写真，例題および演習などを使い，わかりやすく記述した．

　今回森北出版のご依頼があったことを機会に，菲才浅学をも省みずに施工法の教科書として書き上げたのが本書である．できるだけ新しい内容と形式を考えて，自分たちなりに努力したつもりである．この点については諸兄のご批判をいただければ幸いである．

　終わりに，本書を出版するにあたり，元宇部高専校長の大原資生先生に心より深く感謝申し上げる．また，多くの資料を提供していただいた方々（セメント協会，小松製作所，道路協会，洋林建設他）および種々お世話をしていただいた森北出版の石田昇司氏に心から感謝する．

2000年9月

執筆者一同

目　次

1章　土　工

1.1　概　説 …………………………………………………………… 1
1.2　調　査 …………………………………………………………… 2
1.3　土　質 …………………………………………………………… 2
1.4　土工量 …………………………………………………………… 4
　　1.4.1　断面法　4
　　1.4.2　点高法　6
　　1.4.3　等高線法　7
　　1.4.4　土量の変化　8
1.5　土工機械 ………………………………………………………… 9
　　1.5.1　概　説　9
　　1.5.2　機械化使用の特徴　9
　　1.5.3　おもな土工機械　11
1.6　切土工 …………………………………………………………… 27
　　1.6.1　概　説　27
　　1.6.2　切土斜面の勾配　27
　　1.6.3　切土の施工　28
1.7　盛土工 …………………………………………………………… 29
　　1.7.1　概　説　29
　　1.7.2　基礎地盤　29
　　1.7.3　締固め　30
　　1.7.4　締固め管理基準　30
　　1.7.5　盛土斜面の勾配　31
1.8　土積曲線 ………………………………………………………… 32
　　演習問題 …………………………………………………………… 33

2章　基　礎　工

2.1　概　説 ……………………………………………………………35
2.2　浅い基礎（直接基礎）………………………………………………36
　　2.2.1　地盤の支持力　36
　　2.2.2　地盤改良工法　41
2.3　深い基礎 …………………………………………………………43
　　2.3.1　概　説　43
　　2.3.2　既製杭　44
　　2.3.3　場所打ちコンクリート杭　45
　　2.3.4　杭の許容支持力　48
2.4　ケーソン工法 ……………………………………………………51
2.5　特殊基礎 …………………………………………………………54
　　2.5.1　矢板式基礎　54
　　2.5.2　地下連続壁基礎　55
　　2.5.3　こま型基礎　55
演習問題 …………………………………………………………………56

3章　コンクリート工

3.1　概　説 ……………………………………………………………58
3.2　コンクリート工の順序 ……………………………………………59
3.3　材　料 ……………………………………………………………59
　　3.3.1　セメント　59
　　3.3.2　水　61
　　3.3.3　骨　材　61
　　3.3.4　混和材料　62
3.4　計　量 ……………………………………………………………63
3.5　配合設計 …………………………………………………………63
　　3.5.1　示方配合　63
　　3.5.2　現場配合　66
3.6　練り混ぜ …………………………………………………………67
3.7　運　搬 ……………………………………………………………68
3.8　打込み ……………………………………………………………68

3.9 締固め …………………………………………………………71
  3.10 打継ぎ目 ………………………………………………………71
  3.11 表面仕上げ ……………………………………………………73
  3.12 養　生 …………………………………………………………73
  3.13 型枠および支保工 ……………………………………………75
  3.14 型枠の設計 ……………………………………………………76
  3.15 支保工 …………………………………………………………78
  3.16 特殊コンクリート ……………………………………………79
  演習問題 …………………………………………………………86

4章　トンネル

  4.1 概　説 ……………………………………………………………87
    4.1.1 定　義　87
    4.1.2 用　途　87
    4.1.3 種類と分類　88
    4.1.4 歴　史　89
  4.2 地形, 地質 ………………………………………………………90
    4.2.1 トンネルと地形　90
    4.2.2 トンネルと地質　92
    4.2.3 地形, 地質調査　93
  4.3 施工方法 …………………………………………………………93
    4.3.1 トンネル工法　93
    4.3.2 トンネル掘削工法　96
    4.3.3 山岳工法によるトンネル掘削　98
  4.4 覆　工 ……………………………………………………………106
    4.4.1 覆工の種類　106
    4.4.2 覆工の施工順序　106
    4.4.3 コンクリートの打設　107
    4.4.4 裏込め注入　108
  4.5 掘削補助工法 ……………………………………………………108
  4.6 TBM 工法によるトンネル掘削 ………………………………110
    4.6.1 TBM 工法によるトンネル掘削　111

4.6.2 シールド工法によるトンネル掘削　114
演習問題 …………………………………………………………… 119

5章　工程管理

5.1　日程計画（PERT による計画と管理） ……………………… 121
　5.1.1　PERT の目的　121
　5.1.2　アローダイアグラムの描き方　121
5.2　PERT の計算方法 ……………………………………………… 124
　5.2.1　結合点の日程　125
　5.2.2　作業の日程　126
　5.2.3　余裕日数とクリティカルパス　127
5.3　日程の短縮とフォローアップ ………………………………… 128
　5.3.1　日程の短縮　128
　5.3.2　フォローアップ　131
5.4　3点見積り PERT ……………………………………………… 134
5.5　品質管理 ………………………………………………………… 138
　5.5.1　概　説　138
　5.5.2　統計量　141
　5.5.3　ヒストグラムによる判定　142
　5.5.4　管理図による判定　144
5.6　ISO ……………………………………………………………… 152
　5.6.1　建設業と ISO　152
　5.6.2　ISO 9000 s の概要　153
　5.6.3　ISO 9000 s 審査登録制度のしくみ　154
　5.6.4　品質システムの目的および要求事項　155
　5.6.5　認証の維持・継続　156
　5.6.6　公共工事を取り巻く状況と品質管理　156
　5.6.7　今後の ISO 9000 s　156
演習問題 …………………………………………………………… 157

演習問題解答 ………………………………………………………… 159
参考文献 ……………………………………………………………… 169
索　　引 ……………………………………………………………… 171

1章 土 工

1.1 概　　説

　土工とは，土木工事にあたって土を移動する作業をいい，土工工事の主要部分を占めており，大別すると切土・積込み・運搬・盛土または土捨て・締固めに分けられる．経済性を考えると，全体の土工量を少なくする必要がある．工事の仕上がり面を**施工基面**といい，施工基面の位置により土工量は変化する．

　近年は，土工も経済性・能率の点から土工機械が多く用いられるようになったが，機械にはそれぞれ特徴があり，用い方を間違えると逆に不経済・非効率となるので注意を必要とする．

　図1.1は，切土・盛土および各部の名称を示すものである．この図のように切土（切取り）の土砂を近くでの盛土に用いるのが理想的であるが，工区内全体でのバランスも考える必要がある．盛土に用いる土が不足したり，盛土材料として不適なときは工区外から採取し，余るときは他の適当な場所に捨てる．

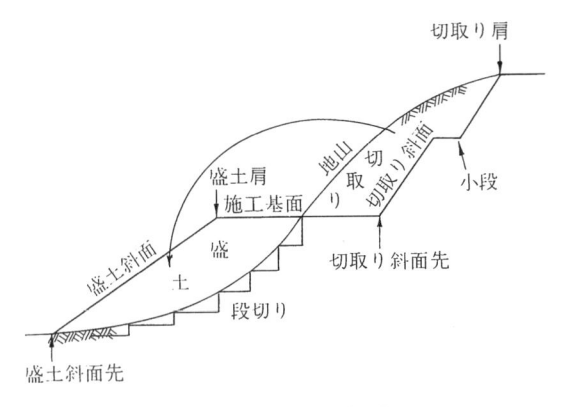

図 1.1　土 工 断 面

前者の場所を**土取場**，後者の場所を**土捨場**という．わが国では地形が複雑であり，いろいろの性質の土があるので，これらを上記の要求に合わせて，活用するためには，土質調査や土質試験の結果を十分に利用しなければならない．

1.2 調　　査

　土質調査は，予備的段階での主要な作業で，土質および地下水の位置を施工区間内および深さ方向に立体的に調査し，適切な設計・施工に役立てることが必要である．
　（1）予備調査
　本調査の準備として行うもので，現地踏査および本調査の基本方針を決定する．用いられる資料は地形図，航空写真，土質図および地質図，気象記録，災害記録等であり，これらを収集して，検討する．
　（2）踏査調査
　踏査調査は区間内だけでなく広範囲に現地を踏査し，予備調査で得られた地質図に，予備調査で不明であった点を記入していく．
　特に，井戸の水位などによる地下水位の観測，崖錐，地すべり，断層，破砕帯，軟弱地盤や過去の災害についても聴き取りを行う．
　（3）本調査
　予備調査と踏査調査によって作成された土質図および地形・地質図より現地においてボーリングやサウンディングなどを行って，地盤や地山の性質を調査する作業を**本調査**という．調査は目的にあった方法，精度，密度で行う．盛土材料としての適否や盛土基礎地盤の良否の判定，切土や盛土斜面の安定性，施工法の選定などに必要な資料を収集する．表1.1は構造物の建設のために実施される調査を対象ごとにまとめたものである．

1.3 土　　質

（1）土の分類
　土の分類にはいろいろな方法が用いられているが，統一土質分類法が広く用いられている．日本統一土質分類を表1.2に示す．（a）は大分類，（b）はそれ以下の分類である．（b）の中で太字で表されるものは大分類，{ }で表され

1.3 土質

表1.1 土構造に関する土質調査

調査の対象	調査事項	野外調査 項目	野外調査 方法	室内試験 項目	室内試験 方法
1. 盛土材料（土取り場の選定）	(1) 土量の把握 (2) 材料の良否の判定 (3) 施工の難易ならびに施工機械の選定	土質の縦横断図の作成 代表的な試料採取（一般に乱した試料） 施工機械のトラフィカビリチーの検討 現場における締固め施工法の検討（必要に応じて実施）	弾性波探査，機械ボーリングまたはサウンディング，機械ボーリング，オーガボーリングによる採取，テストピットの掘削，露頭での採取 コーン貫入試験（地山の強度測定） 現場での締固め試験施工	採取試料の分類 材料の締固め特性 締固めた土のトラフィカビリチーの検討	自然含水比の測定 含水比試験 　（JGS 0121） 湿潤密度の測定 土粒子の密度試験 　（JGS 0111） 粒度試験 　（JGS 0131） コンシステンシー試験 　（JGS 0141） 土の突固め試験 コーン貫入試験（締固めた土の強度測定）
2. 切土	(1) 地層構成状態の調査 (2) 掘削の難易ならびに施工法の選定 （調査は盛土材料の調査に準じる）	地質縦横断図の作成（土，軟岩，岩の成層状態） 試料の採取	弾性波探査 機械ボーリング，オーガボーリング 必要によりサウンディングによって補完 機械ボーリング，オーガボーリング	採取試料の分類	1.に準じる 必要により岩に関する試験
3. 斜面の安定	(1) 盛土斜面の安定（材料が不良な場合，盛土が特に高い場合など） (2) 切土斜面の安定	代表的な試料の採取 付近の切土斜面の観察，試験的な切土	オーガボーリング，テストピットの掘削	採取試料の分類 せん断強度の判定	1.に準じる 三軸圧縮試験 　（JGS 0521，JGS 0522, JGS 0524） 直接せん断試験 　（JGS 0561）

4. 軟弱地盤 （粘性土地盤および砂地盤）	（1）安定性，支持力の検討 （2）沈下の推定 （3）地震時の液状化の検討（ルーズな砂層） （4）対策工法の選定	土質縦横断図の作成（軟弱粘性土層およびルーズな砂層の分布状態） 乱さない試料の採取	機械ボーリング サウンディング（スウェーデン式サウンディング，標準貫入試験など） （シンウォールサンプラ，フォイルサンプラによる乱さない試料採取）	採取試料の分類 地盤のせん断強さの判定 圧密特性の判定	1.に準じる 有機物含有量試験 　（JGS 0231） 一軸圧試験 　（JGS 0511） 三軸圧縮試験 圧密試験 　（JGS 0411）
5. 構造物 （擁壁など）	（1）地盤の支持力 （2）4.に準じる項目ならびに必要により横方向の変形の検討	支持地盤の強さ 深度 必要により4.に準じる	機械ボーリング（標準貫入試験） また平板載荷試験，横方向K値などの測定を行うこともある 必要により4.に準じる	4.に準じる	4.に準じる
6. 排水施設	地下水調査 排水施設の選定（規模，位置など）	現場ならびに周辺の地下水調査（水文的調査を含む） 土の透水係数の測定	ボーリング孔，井戸，地表水などの調査 現場透水試験	採取試料による透水係数の測定	透水試験 　（JGS 0311）

（山村和也，他，土構造，土木学会編）

るものは簡易分類，〔　〕は中分類，（　）は細分類を意味する．細粒度を分類するには，塑性指数 I_P と液性限界 W_L より求められる．塑性指数と液性限界の関係から作成される図1.2の塑性図が必要である．

1.4　土工量

1.4.1　断面法

道路土工の場合，路線に沿って横断面図を作成し，各断面に高さを記入して，各断面積を計算して，切土または盛土の容積を求める．

1）中央断面法
$$V = l \cdot A_m \qquad (1.1)$$

2）両端面法

表 1.2　工学的土質分類基準（日本統一土質分類）

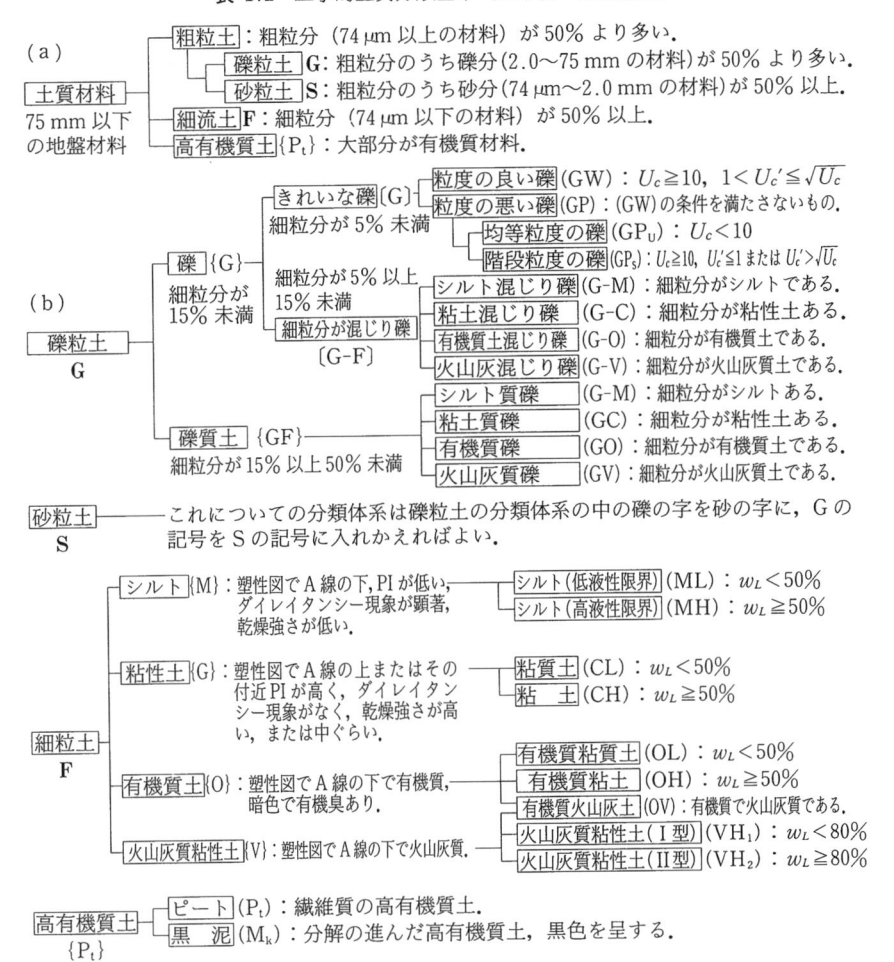

(a) 土質材料　75mm 以下の地盤材料
- 粗粒土：粗粒分（74μm 以上の材料）が 50% より多い．
  - 礫粒土 G：粗粒分のうち礫分（2.0〜75mm の材料）が 50% より多い．
  - 砂粒土 S：粗粒分のうち砂分（74μm〜2.0mm の材料）が 50% 以上．
- 細流土 F：細粒分（74μm 以下の材料）が 50% 以上．
- 高有機質土 {P_t}：大部分が有機質材料．

(b) 礫粒土 G
- 礫 {G}　細粒分が 15% 未満
  - きれいな礫 (G)　細粒分が 5% 未満
    - 粒度の良い礫 (GW)：$U_c \geq 10$, $1 < U_c' \leq \sqrt{U_c}$
    - 粒度の悪い礫 (GP)：(GW) の条件を満たさないもの．
    - 均等粒度の礫 (GP_U)：$U_c < 10$
    - 階段粒度の礫 (GP_S)：$U_c \geq 10$, $U_c' \leq 1$ または $U_c' > \sqrt{U_c}$
  - 細粒分が 5% 以上 15% 未満　細粒分が混じり礫 〔G-F〕
    - シルト混じり礫 (G-M)：細粒分がシルトである．
    - 粘土混じり礫 (G-C)：細粒分が粘性土ある．
    - 有機質土混じり礫 (G-O)：細粒分が有機質土である．
    - 火山灰混じり礫 (G-V)：細粒分が火山灰質土である．
- 礫質土 {GF}　細粒分が 15% 以上 50% 未満
  - シルト質礫 (G-M)：細粒分がシルトある．
  - 粘土質礫 (GC)：細粒分が粘性土ある．
  - 有機質礫 (GO)：細粒分が有機質土である．
  - 火山灰質礫 (GV)：細粒分が火山灰質土である．

砂粒土 S ──── これについての分類体系は礫粒土の分類体系の中の礫の字を砂の字に，G の記号を S の記号に入れかえればよい．

細粒土 F
- シルト {M}：塑性図で A 線の下，PI が低い，ダイレイタンシー現象が顕著，乾燥強さが低い．
  - シルト（低液性限界）(ML)：$w_L < 50\%$
  - シルト（高液性限界）(MH)：$w_L \geq 50\%$
- 粘性土 {G}：塑性図で A 線の上またはその付近 PI が高く，ダイレイタンシー現象がなく，乾燥強さが高い，または中ぐらい．
  - 粘質土 (CL)：$w_L < 50\%$
  - 粘　土 (CH)：$w_L \geq 50\%$
- 有機質土 {O}：塑性図で A 線の下で有機質，暗色で有機臭あり．
  - 有機質粘質土 (OL)：$w_L < 50\%$
  - 有機質粘土 (OH)：$w_L \geq 50\%$
  - 有機質火山灰土 (OV)：有機質で火山灰質である．
- 火山灰質粘性土 {V}：塑性図で A 線の下で火山灰質．
  - 火山灰質粘性土（I 型）(VH_1)：$w_L < 80\%$
  - 火山灰質粘性土（II 型）(VH_2)：$w_L \geq 80\%$

高有機質土 {P_t}
- ピート (P_t)：繊維質の高有機質土．
- 黒泥 (M_k)：分解の進んだ高有機質土，黒色を呈する．

記号		意味	記号		意味
主記号	G	礫 (gravel)	副記号	W	粒度のよい (well-graded)
	S	砂 (sand)		P	粒度の悪い (poorly graded)
	F	細粒土 (fine soil)		L	低液性限界 (low liquid limit)
	M	シルト (mo；スウェーデン語)		H	高液性限界 (high liquid limit)
	C	粘性土 (clay)		H_1	火山灰質粘性土の I 型
	O	有機質土 (organic soil)		H_2	火山灰質粘性土の II 型
	V	火山灰質粘性土 (volcanic cohesive soil)			
	P_t	泥炭 (peat)			
	M_k	黒泥 (muck)			

（土質工学会基準，M 1-1973（79））

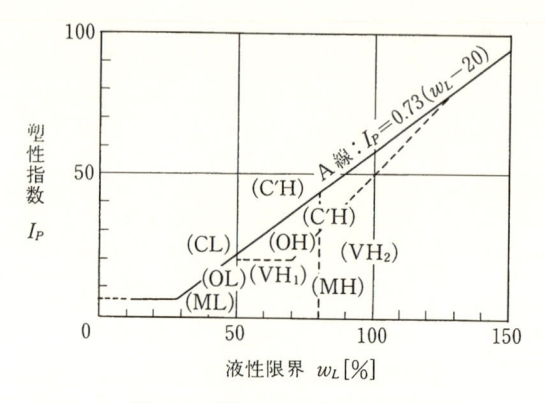

図 1.2 塑性図（日本統一分類）

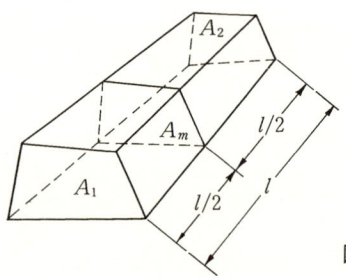

図 1.3 横断面図を用いる方法

$$V = \frac{l}{2}(A_1 + A_2) \tag{1.2}$$

または

$$V = \frac{l}{6}(A_1 + 4A_m + A_2) \tag{1.3}$$

また，一般に平行面が等間隔 l で $A_0, A_1, \cdots, A_n$ まである場合の全体の体積 V（n は偶数とする）は

$$V = \frac{l}{3}\{(A_0 + A_n + 4(A_1 + A_3 + \cdots + A_{n-1}) \\ + 2(A_2 + A_4 + \cdots + A_{n-2})\} \tag{1.4}$$

となる．

1.4.2 点高法

1）長方形法：広い地面を長辺 a，短辺 b とするいくつかの長方形に分割

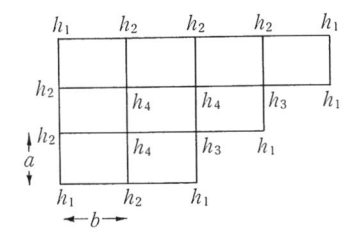

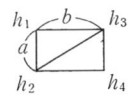

図 1.4 点高法

し，各分割点の施工基面からの高さを求める．一つの長方形の四隅の分割点の高さを h_1, h_2, h_3, h_4 とすると

$$V = \frac{a \cdot b}{4}(h_1 + h_2 + h_3 + h_4) \tag{1.5}$$

となる．

2) 三角形法：三角形に分割した場合は

$$V = \frac{a \cdot b}{6}(h_1 + h_2 + h_3) \tag{1.6}$$

となる．

1.4.3 等高線法

(1) 施工基面が水平の場合

等高線を利用する方法で，図1.5に示すように，各等高線の囲む面積 A_1, A_2, A_3, …, A_n を求め，それと各等高線間の標高差 h を用いて土工量を計算する．すなわち面積 A_1 と面積 A_3 の間の土量 $V_{1,3}$ を求めるには，A_2 を中央の断面積として，

$$V_{1,3} = \frac{2h}{6}(A_1 + 4A_2 + A_3) \tag{1.7}$$

となる．
一般的には A_{n-2} と A_n との間の土量 $V_{n-2,n}$ は

$$V_{n-1,n} = \frac{2h}{6}(A_{n-2} + 4A_{n-1} + A_n) \tag{1.8}$$

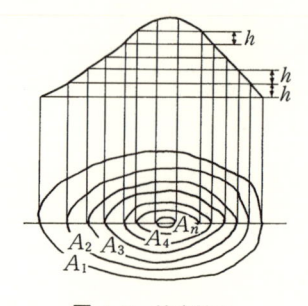

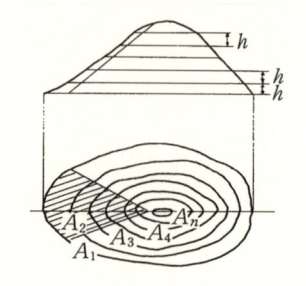

図 1.5 等高線法　　図 1.6 施工面が傾斜している等高線法

(2) 施工基面が傾斜している場合

道路土工などを計画するとき，斜面を計画する場合が多い．施工面が傾斜している場合は，施工面で切り取られた等高線の各層の面積を計算して体積 V を求める．

$$V = \frac{h}{2}\{A_1 + A_2 + 2(A_2 + A_3 + \cdots + A_{n-1})\} \tag{1.9}$$

1.4.4 土量の変化

土は自然状態にある掘削する土量（地山の土量）と，運搬する土量（ほぐした土量）および盛土する土量（締固めた土量）の三つの状態に分けて考える．三つの状態における土の体積は土質の種類によっても異なる．このような土の体積の違いを体積比によって示す．これらを土量の**変化率**とよび，地山の土量を基本として考え，次式で表される．

$$L = \frac{\text{ほぐした土量 [m}^3\text{]}}{\text{地山の土量 [m}^3\text{]}} \tag{1.10}$$

$$C = \frac{\text{締固めた土量 [m}^3\text{]}}{\text{地山の土量 [m}^3\text{]}} \tag{1.11}$$

土量の変化率 L，C は土質の種類によっても異なり，おおよその値は表 1.3 のとおりである．とくに，運搬する土量（ほぐした土量）を計画する際には，土量の変化率を考慮しないと支障が生じる．

表 1.3 土量の変化率

名称		L	C
岩または石	硬 岩	1.65～2.00	1.30～1.50
	中 硬 岩	1.50～1.70	1.20～1.40
	軟 岩	1.30～1.70	1.00～1.30
	岩塊・玉石	1.10～1.20	0.95～1.05
礫まじり土	礫	1.10～1.20	0.85～1.05
	礫質土	1.10～1.30	0.85～1.00
	固結した礫質土	1.25～1.45	1.10～1.30
砂	砂	1.10～1.20	0.85～0.95
	岩塊・玉石まじり砂	1.15～1.20	0.90～1.00
普通土	砂質土	1.20～1.30	0.85～0.95
	岩塊・玉石まじり質土	1.40～1.45	0.90～1.00
粘性土など	粘性土	1.20～1.45	0.85～0.95
	礫まじり粘性土	1.30～1.40	0.90～1.00
	岩塊・玉石まじり粘性土	1.40～1.45	0.90～1.00

(道路土工指針，日本道路協会)

1.5 土工機械

1.5.1 概説

近来の土工は大規模となり，効率をあげるために土工機械を使用するようになったが，機械の発達・多様化にともない，使用範囲が広くなり，小規模な工事にも広く使用されるようになった．

1.5.2 機械化使用の特徴

機械化をすることの利点として，次のことがあげられる．
① 確実に施工ができる．すなわち適切な準備をすれば，気象の影響を受けることが少ない．また，力が大きいので人力に比べて工程数を減らすことができる．
② 工期を短縮でき，かつ正確である．すなわち，機械の能力が多様で適切に選定すれば計画どおりの工程で完了できる．
③ 工事費の節約ができる．仕事の種類によっては在来工法の30%，平均して70～80%以内の工費でできる．

④ 機動力があり，人手が少なくてすむ．

欠点としては，次のことがあげられる．
① 機械購入費が高く，作業量と維持費のバランスをはかるのが難しい．最近では購入をせず，リース制が多くなった．
② 熟練した操縦士（オペレータ），整備員が必要である．
③ 作業にあたっては，機械の組み合わせをよくしないと不経済となる．
④ 機械の整備と保管に適正な準備と場所が必要である．

以上のことから，大量の土量を取り扱う場合は，機械による掘削・運搬・締固めが主体となる．機械掘削および運搬を行う場合は，掘削機械および運搬機械の選定が重要であり，これによって作業能率および作業単価が大きく影響される．表1.4は，土工作業の種別とそれぞれに適応した土工機械を示したものである．また，表1.5に運搬距離による土工機械の選定を示す．

表 1.4 作業の種別と土工機械

作業の種別	土 工 機 械 の 種 類
伐開除根	ブルドーザー，レーキドーザー，バックホー
掘　　削	ショベル系掘削機（バックホー，ドラグライン，クラムシェル），トラクターショベル，ブルドーザー，リッパ，ブレーカ
積込み	ショベル系掘削機（バックホー，ドラグライン，クラムシェル）トラクターショベル
掘削・積込み	ショベル系掘削機（バックホー，ドラグライン，クラムシェル）トラクターショベル
掘削，運搬	ブルドーザー，スクレープドーザー，スクレーパ
運　　搬	ブルドーザー，ダンプトラック，ベルトコンベア
敷ならし，整地	ブルドーザー，モーターグレーダー，タイヤドーザー
含水量調節	プラウ，ハロウ，モーターグレーダー，散水車
締 固 め	タイヤローラー，タンピングローラー，振動ローラー，ロードローラー，振動コンパクタ，タンパ，ブルドーザー
砂利道補修	モータグレーダー
溝掘り	トレンチャ，バックホー
斜面仕上げ	バックホー，モーターグレーダー
さく岩	レッグドリル，ドリフタ，ブレーカー，クローラドリル

（道路土工指針，日本道路協会）

表 1.5　土工機械と土の運搬距離

土 工 機 械 の 種 類	適応する運搬距離
ブルドーザー	60 m 以下
スクレープドーザー	40～250 m
被けん引式スクレーパ	60～400 m
自走式スクレーパ	200～1 200 m
ショベル系掘削機 }＋ダンプトラック トラクターショベル	100 m 以上

(道路土工指針，日本道路協会)

1.5.3　おもな土工機械

(1) ブルドーザー

　表1.5に示されているように，60 m以下の運搬に適した機械である．ブルドーザー (bulldozer) は，土工機械としてはショベル系掘削機械とともに広く使用されている．ブルドーザーは表1.6に示される規格があり，通常20 t級以上を大型，10～20 t級を中型，10 t級以下を小型とよぶ．図1.7に示すように，土工板が機械本体に直角に固定して取り付けてあるものをストレート (straight) ドーザーとよび，土を削りながら押していく押土力は大きい．また土工板をブルドーザーの進行方向に対して，ある角度（20～30°）で可動式に取り付けてあるものをアングルドーザーとよび，掘削した土は土工板の流れ角（土工板が傾いた角度）に逃げるようにして，整地能力を高めてある．また，アタッチメント (attachment，機械本体に取り換え可能な器具) はブルドー

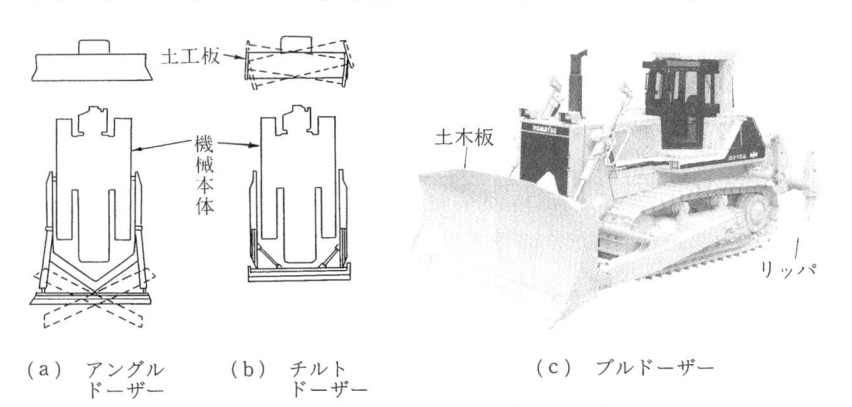

(a) アングル　　　(b) チルト　　　(c) ブルドーザー
　　ドーザー　　　　　ドーザー

図 1.7　ブルドーザー（小松製作所提供）

表1.6 ブルドーザーの諸元

形式		規格 t級	出力 [PS]	重量 [t]	土工板寸法[m] $L \times H$	土工板容量 q_0 [m³]	接地圧 [kPa]	土工板形式
D 20 A	普通型	3	40	3.60	2.170×0.59	0.52	36.0	アングル
D 30 A	〃	6	71	6.26	2.415×0.84	1.18	49.0	〃
D 41 E	〃	11	78	10.54	3.045×1.06	2.36	40.0	〃
D 53 A	〃	14	130	14.00	3.275×1.03	2.40	60.0	〃
D 65 E	〃	18	140	18.09	3.970×1.10	3.31	65.0	〃
D 85 A	〃	21	168	20.70	3.725×1.45	5.40	86.0	〃
D 155 AX	〃	29	306	29.10	3.955×1.72	8.07	105.0	チルト
D 275 A	〃	37	410	37.20	4.300×1.91	10.82	117.0	〃
D 375 A	〃	49	532	49.00	4.695×2.26	16.55	142.0	〃
D 475 A	〃	71	781	70.90	5.265×2.61	24.75	157.0	〃
D 20 P	湿地	3	40	4.00	2.560×0.59	0.61	23.0	アングル
D 31 PG	〃	7	71	6.93	2.875×0.79	1.24	26.5	〃
D 41 P	〃	11	106	10.97	3.045×1.06	2.36	27.5	〃
D 53 P	〃	16	130	15.99	3.860×1.03	2.83	29.4	〃
D 65 P	〃	19	190	19.31	3.970×1.10	3.31	30.0	〃
D 85 P	〃	24	228	23.73	4.365×1.39	5.82	43.2	チルト

(小松製作所提供)

ザーの後部に熊手形のレーキ (rake) や1～3本のリッパ (ripper) を取り付け，油圧で抜根・除草したり，軟岩や硬い土にくいこませ，ブルドーザーのけん引力で掘削を行うものである．

1時間あたりのブルドーザーの作業能力は次式で求められる．

$$Q_B = \frac{60 \cdot q \cdot f \cdot E_B}{C_{mB}} \tag{1.12}$$

ここに，Q_B：1時間あたりの作業量 [m³/h]，q：1回の掘削押土量 [m³]（$q = q_0 \cdot \rho$），ρ：押土距離・勾配に関する係数（表1.8），q_0：土工板容量 [m³]，f：土量換算係数（表1.9），E_B：作業効率（表1.7），C_{mB}：ブルドーザーのサイクルタイム [min] である．

また，表1.9はブルドーザーだけでなく，他の土工機械でも利用される．表

表 1.7 ブルドーザーの作業効率

土質	作業効率 E_B
岩塊・玉石	0.20〜0.35
礫まじり土	0.30〜0.55
砂	0.50〜0.80
普通土	0.35〜0.70
粘性土	0.25〜0.50

表 1.8 押土距離，運搬路の勾配に関する係数 ρ

勾配 [%]	運搬距離 [m]	20	30	40	50	60	70	80
平坦	0	0.96	0.92	0.88	0.84	0.80	0.76	0.72
下り	5	1.08	1.03	0.99	0.94	0.90	0.85	0.81
下り	10	1.23	1.18	1.13	1.08	1.02	0.97	0.92
下り	15	1.41	1.35	1.29	1.23	1.18	1.12	1.06
上り	5	0.85	0.82	0.78	0.75	0.71	0.68	0.64
上り	10	0.77	0.74	0.70	0.67	0.64	0.61	0.58
上り	15	0.70	0.67	0.64	0.61	0.58	0.56	0.53

(道路土工指針，日本道路協会)

表 1.9 土量換算係数 f の値

求める作業量 / 基準の作業量	地山の土量	ほぐした土量	締固めた土量
地山の土量	1	L	C
ほぐした土量	$1/L$	1	C/L
締固めた土量	$1/C$	L/C	1

1.9 の L と C は式(1.10)および式(1.11)で定義されたもので，表1.3 に土質ごとの値が示されている．サイクルタイム C_{mB} は次式で求められる．

$$C_{mB} = \frac{l}{V_1} + \frac{l}{V_2} + t_0 \tag{1.13}$$

ここで，l：平均掘削押土距離 [m]，V_1：前進速度 [m/min]，V_2：後退速度 [m/min]，t_0：ギヤ切り換え時間 [min]，V_1，V_2 および t_0 は経験的な値から，式(1.13)は次式で表される．

$$C_{mB} = 0.037 l + 0.25 \tag{1.14}$$

例題 1.1 20 t 級のブルドーザーで地山の平坦地の掘削押土作業を行うときの時間あたりの作業量を求めよ。ただし運搬距離は 30 m，土質は砂質土とする。

[解] 表 1.6 から $q_0 = 8.07 \text{ m}^3$，表 1.8 から $\rho = 0.92$，表 1.3 から $L = 1.25$ とすると，$f = 1/L = 1/1.25$，表 1.7 から $E_B = 0.55$，$l = 30 \text{ m}$

$$C_{mB} = 0.037 \times 30 + 0.25 = 1.36 \text{ min}$$

$$Q_B = \frac{60 \cdot q \cdot f \cdot E}{C_{mB}} = \frac{60 \times 8.07 \times 0.92 \times (1/1.25) \times 0.55}{1.36} = 144.1 \text{ m}^3/\text{h}$$

（2） スクレーパ

スクレーパ (scraper) は図 1.8 に示されるように，エプロンで地面を削り取るようにして，掘削した土砂を土運箱に収め，運搬する土工機械で，平坦で広い場所の掘削・運搬・散土に用いられる。スクレーパは被けん引式と自走式がある。効率的な運搬距離は被けん引式で 70～500 m，自走式で 200～2 000 m である。スクレーパの諸元を表 1.10 に示す。1 時間あたりのスクレーパの作業能力は次式で示される。

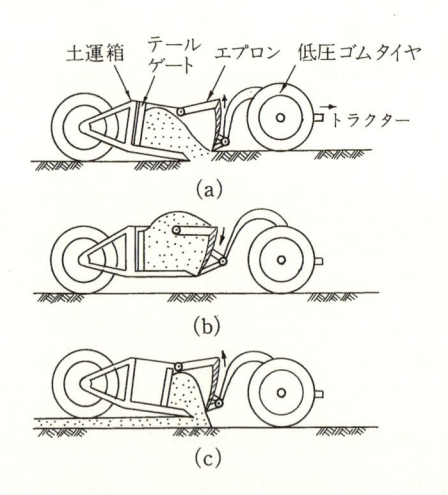

図 1.8 スクレーパの構造（大原資生，三浦哲彦，最新土木施工，森北出版）

表 1.10 スクレーパの諸元

形式	規格	ボウル容量 (q_0) (平積 m³)	自重 [t]	出力 [PS]	掘削幅 [m]
被けん引式スクレーパ	5 m³ 級	4.8	5.5	—	2.00
	6 〃	6.1	7.5	—	2.67
	9 〃	9.2	10.2	—	2.60
	12 〃	11.9	12.2	—	2.91
	15 〃	15.8	16.5	—	3.08
	17 〃	17.3	17.2	—	3.11
モータスクレーパ	ツイン 6 m³ 級	6.0	18.1	260	2.50
	ツイン 11 〃	11.0	33.6	420	3.03
	輸入シングル 11 〃	10.7	25.6	304	3.62
	輸入ツイン 11 〃	10.7	34.8	456	3.00
	輸入シングル 16 〃	16.1	36.7	421	3.30

$$Q_C = \frac{60 \cdot q \cdot f \cdot E_C}{C_{mC}} \tag{1.15}$$

ここに，Q_C：1時間あたりの作業量 [m³/h]，q：1回あたりの運搬土量 [m³] ($q = q_0 \cdot K$)，q_0：ボール容量 [m³]，K：ボール積載係数（表1.11），f：土量換算係数，C_{mC}：スクレーパのサイクルタイム [min]，E_C：作業効率（表1.12）である．

表 1.11 積載係数 K

形式＼土質	岩塊・玉石	砂・礫まじり土	普通土	粘性土
プッシャなし	—	1.00	1.05	0.95
プッシャ併用	0.80	1.05	1.20	1.10

（道路土工指針，日本道路協会）

表 1.12 スクレーパの作業効率

	作業効率 E_C
容易な作業	0.75〜0.80
普通の作業	0.70〜0.75
困難な作業	0.55〜0.70

サイクルタイムは図1.9に示される基本作業動作にしたがって，次式で示される．

$$C_{mC} = \frac{D}{V_d} + \frac{H}{V_h} + \frac{S}{V_s} + \frac{R}{V_r} + t_0 \tag{1.16}$$

ここに，D：削土の積込みに要する距離 [m]，H：運搬距離 [m]，S：散土に要する距離 [m]，R：帰りの距離 [m]，V_d：積込み速度 [m/min]，V_h：運搬速度 [m/min]，V_s：散土速度 [m/min]，V_r：帰り速度 [m/

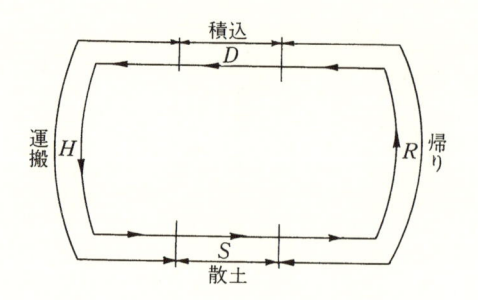

図 1.9　スクレーパの基本作業動作

min]，t_0：ギヤ切り換えその他の時間 [min] である．

（3） ショベル系掘削機

ショベル (shovel) 系掘削機は掘削および積み込みをする土工機械で，バケット容量は 0.1〜9.5 m³ の多くの種類がある．機械本体はアタッチメント (attachment) によって，その名称が図 1.10 のように区分される．走行形式はキャタピラ式のクローラ型が多いが，地盤がよい場所ではタイヤ式になっているものもある．

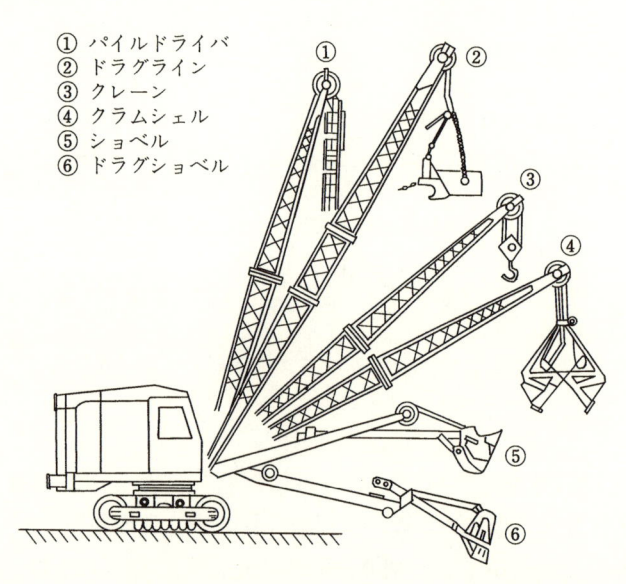

① パイルドライバ
② ドラグライン
③ クレーン
④ クラムシェル
⑤ ショベル
⑥ ドラグショベル

図 1.10　ショベル系機械（大原資生，三浦哲彦，最新土木施工，森北出版）

1.5 土工機械

パワーショベルは，機械本体より上の部分の切土に適し，ブームが丈夫であるので硬い土質の切土にも対応できる．

ドラグライン（drag line）は，バケットが2本のワイヤロープで吊り下げられた状態で掘削する．ブームも長いため広い範囲での掘削・積込みに適している．また，水中掘削も可能であるが，硬い地盤の掘削には適さない．

クラムシェル（clamshell）は，両開きのバケットをワイヤロープで吊り下げて掘削する．狭い場所や水中掘削などで広く利用されている．

バックホー（back hoe）は，機械本体より下の部分の掘削に適し，パワーショベルと同様にブームが丈夫であるので硬い土質にも対応でき，正確な仕上がりができる（図1.11）．

表1.13にショベル系掘削機の特徴を示す．また，表1.14にショベル系掘削機の諸元を示す．

ショベル系掘削機の1時間あたりの作業能力は次式で求められる．

$$Q_S = \frac{3\,600 \cdot q_0 \cdot K \cdot f \cdot E_s}{C_{mS}} \tag{1.17}$$

ここに，Q_S：1時間あたりの土工量 [m³/h]，q_0：バケット容量 [m³]，K：バケット係数（表1.15），f：土量換算係数，E_s：作業効率（0.5〜0.8），C_{mS}：ショベルのサイクルタイム [s]（表1.16）である．

表 1.13 ショベル系機械の特徴

		ショベル	バックホー	ドラグライン	クラムシェル
掘削能力		最大	最大	普通	小
土質に対する適否	硬い土	最適	最適	不適	不適
	やや硬い土	〃	〃	適	適
	軟らかい土	〃	〃	〃	〃
	水中掘削	不適	適	最適	最適
掘削位置	高い所	最適	不適	不適	適
	地上	適	適	適	〃
	低い所	不適	最適	最適	最適
	広い範囲	〃	不適	〃	適
	正確な掘削	最適	最適	不適	最適
掘削作業	山の切土	最適	不適	不適	不適
	根掘り	不適	最適	最適	最適
	溝掘り	〃	〃	〃	〃
	表土はぎとり	〃	適	〃	不適

（大原資生，三浦哲彦，最新土木施工，森北出版）

18   1章 土　工

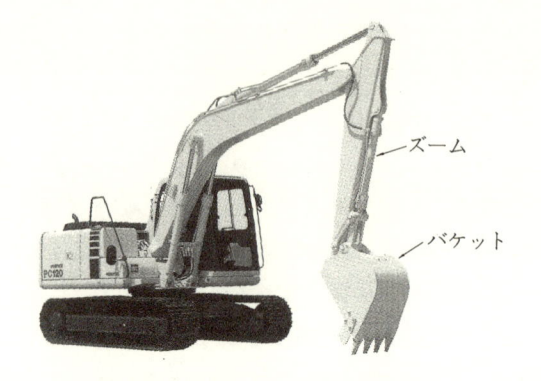

図 1.11　バックホー（小松製作所提供）

表 1.14　ショベル系掘削機の諸元

形　式		規格 m³級	出力 [PS]	重量 [t]	バケット容量 [m³]	接地圧 [kPa]
バックホー	油圧式クローラ型	0.3	55.0	6.2	0.28	28.4
	〃	0.4	60.3	10.7	0.45	37.3
	〃	0.5	64.0	11.8	0.50	38.2
	〃	0.8	99.3	19.1	0.80	45.1
	〃	1.0	118.0	22.1	1.00	48.1
	〃	1.8	235.0	31.9	1.80	62.8
	〃	2.2	310.0	42.6	2.20	77.5
	〃	4.3	450.0	72.2	4.00	100.0
	〃	5.7	590.0	98.5	5.70	124.0
	〃	9.5	820.0	162.0	9.50	154.0
クラムシェル および ドラグライン		0.3	59.0	10.2	0.30	35.2
		0.6	91.0	16.6	0.59	41.2
		0.8	100.0	25.0	0.80	56.8
		1.6	──	53.8	1.60	86.2
		2.0	──	68.4	2.00	106.8
		2.7	──	58.4	2.70	73.5
		3.1	──	114.4	3.10	86.2

（小松製作所提供）

表 1.15 バケット係数 (K)

土の種類	バックホー	クラムシェル	パワーショベル	備考
岩塊・玉石	0.45〜0.75	0.40〜0.70	0.50〜0.80	山盛になりやすいもの
				かさばらず空隙の少ないもの
礫まじり土	0.50〜0.90	0.45〜0.85	0.60〜1.00	掘削の容易なもの
砂	0.80〜1.20	0.75〜1.10	0.90〜1.30	
普通土	0.60〜1.00	0.55〜0.95	0.70〜1.10	などは大きい係数を与える.
粘性土	0.45〜0.75	0.45〜0.70	0.50〜0.80	

(道路土工指針, 日本道路協会)

表 1.16 ショベル系掘削機のサイクルタイム C_{ms} [s]

機種	バックホー	クラムシェル	パワーショベル	ドラグライン
規格	油圧式クローラ形 0.3〜0.6 m³級	機械式クローラ形 0.8 m³級	機械式クローラ形 0.6 m³級	機械クローラ形 0.6 m³級
容易な掘削	20〜29	30〜37	14〜23	20〜26
中位の掘削	23〜32	33〜42	16〜27	24〜31
やや困難な掘削	27〜36	37〜46	19〜32	27〜35
困難な掘削	31〜41	42〜48	21〜35	30〜39

例題 1.2 バックホーで掘削を行う場合の土工量を求めよ. ただし, 土質は砂質土でバケット容量 1.8 m³ とし, 地山土質で求めよ.

[解] 題意により, $q_0 = 1.8$ m³, $K = 0.9$, $C_{ms} = 25$ s, $f = 1/1.25$, $E_s = 0.6$, 式(1.17)より, 次式となる.

$$Q_s = \frac{3\,600 \times 1.8 \times 0.9 \times (1/1.25) \times 0.6}{25} \fallingdotseq 112 \text{ m}^3/\text{h}$$

(4) トラクターショベル

トラクターショベル (tracter shovel) は, 地山の土質があまり硬くない場合や, 山積みされている土を積み込みする場合に機動力を発揮する. また, 機械本体と比較してパワーショベルよりバケット容量が大きいので効率的である. 表1.17にトラクターショベルの諸元を, また図1.12にトラクターショベルの積込み形式を示す. トラクターショベルの作業能力は次式で表される.

$$Q_t = \frac{3\,600 \cdot q_0 \cdot K \cdot f \cdot E}{C_{mt}} \tag{1.18}$$

ここに, Q_t：トラクターショベルの1時間あたりの作業量 [m³/h], q_0：バケ

20   1章 土　工

表 1.17　トラクターショベルの諸元

種　別	規格 m³級	出力 [PS]	重量 [t]	バケット容量 [m³]
ホイール型	0.2	12.5	0.97	0.16
〃	0.3	22.0	1.76	0.28
〃	0.5	37.0	3.08	0.50
〃	0.9	60.0	4.58	0.90
〃	1.3	85.0	6.74	1.30
〃	1.5	110.0	8.10	1.50
〃	1.9	125.0	9.97	1.90
〃	2.7	165.0	13.72	2.70
〃	3.4	220.0	18.73	3.40
〃	4.5	320.0	27.85	4.50
〃	5.6	415.0	43.45	5.60
〃	8.5	650.0	67.06	8.50
〃	10.5	800.0	90.72	10.50
〃	13.0	840.0	94.72	13.00
クローラ型	0.8	67.0	6.80	0.80
〃	1.4	113.0	13.60	1.50
〃	1.8	158.0	17.80	1.80
〃	2.0	206.0	21.10	2.20

(小松製作所提供)

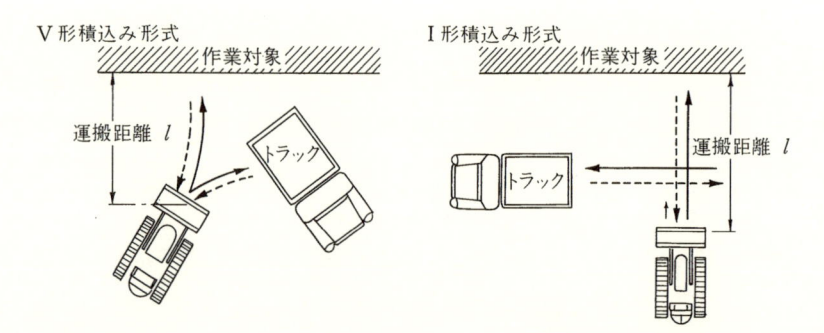

図 1.12　トラクターショベルによる積込み形式（道路土工指針，日本道路協会）

図 1.13 トラクターショベル（小松製作所提供）

ット容量 [m³]，K_t：バケット係数（表 1.18），f：土量換算係数，E_t：作業効率，C_{mt}：サイクルタイム [s] である．

表 1.18 トラクターショベルのバケット係数（K_t）

土の種類	バケット係数	備考
岩塊，玉石	0.40～0.60	バケットを山積状態にしやすく，不規則な空隙を生じにくいものは上限側を与える．また，一度切崩され集積されてバケットに入りやすいものも上限側の値を与える．
礫まじり土	0.50～0.70	
砂	0.60～1.00	
普通土	0.50～0.90	
粘性土	0.40～0.60	

（道路土工指針，日本道路協会）

トラクターショベルのサイクルタイム C_{mt} は，次式で求められる．

$$C_{mt} = ml + t_1 + t_2 \tag{1.19}$$

ここに，l：削土の積み込みに要する距離 [m]，m：トラクターショベルの足回りによる係数 [s/m]，t_1：すくい上げ時間 [s]，t_2：積み込み，ギヤ切り換え，段取りなどに要する時間 [s]，サイクルタイム算出における概略値を表 1.19 に示す．

(5) ダンプトラック

ダンプトラック (dump truck) は，中および長距離運搬に適し，ショベル系掘削機やトラクターショベルと組み合わせて使用される．公道も走行できる普通ダンプトラックと，ダム工事や空港工事など大規模工事で使用される重ダンプトラック（図 1.14）があり，その諸元を表 1.20 に示す．ダンプトラックの 1 時間あたりの作業能力は次式で求められる．

表 1.19 サイクルタイム算出における係数の値

係数名	クローラ形		ホイール形		備考
	山積状態からのすくい上げ	地山からの掘削集土	山積状態からのすくい上げ	地山からの掘削集土	
m [s/m]	2.0		1.8		
t_1 [s]	5〜12	22〜40	6〜20	24〜25	積み込みの容易なものは上限値を与える.
t_2 [s]	12〜20		12〜20		V形のほうが上限値を与えるが, 計画では15s程度を用いてよい.

(注) 特に運搬距離を考えないときは $l = 8\,\mathrm{m}$ としてまとめた.

(道路土工指針, 日本道路協会)

図 1.14 重ダンプトラック（小松製作所提供）

$$Q_D = \frac{60 \cdot q_{0D} \cdot f \cdot E_D}{C_{mD}} \qquad (1.20)$$

ここに, Q_D：ダンプトラックの1時間あたりの作業能力 [m³/h], q_{0D}：積載量 [m³], f：土量換算係数, E_D：作業効率, C_{mD}：ダンプトラックのサイクルタイム [s] で次式で求められる.

$$C_{mD} = \frac{C_{ms} \cdot n}{60 \cdot E_s} + (T_1 + t_1 + T_2 + t_2 + t_3) \qquad (1.21)$$

ここに, C_{ms}：積込み機械のサイクルタイム [s], n：ダンプトラック1台に土砂を満載するのに要する積込み機械のサイクル回数（整数）, E_s：積込

表 1.20 ダンプトラックの諸元

規格 t級	出力 [PS]	最大積載重量 [t]	平積容量 [m³]
2	83	2.00	1.51
4	136	4.00	2.61
6	140	6.50	4.39
8	196	8.00	5.25
11	264	11.00	7.03
25	320	25.00	13.20
40	495	40.00	20.00
60	725	60.00	29.00
80	1 024	78.00	36.00
100	1 024	100.00	48.00

(小松製作所提供)

み機械の作業効率,T_1, T_2：ダンプトラックの往復の走行時間 [min]，t_1, t_2, t_3：ダンプトラック荷降し時間，積込みの待ち時間，シート掛けはずし時間 [min] で標準値として $t_1 = 0.5 \sim 1.5$ min，$t_2 = 0.15 \sim 0.7$ min，$t_3 = 4 \sim 6$ min となっている．ただし，待ち時間は含んでいない．

したがって，ダンプトラック 1 台に土砂を積み込むのに要する時間は $C_{ms} \times n$ である．

$$n = \frac{q_{0D}}{q_{0s} \cdot K} \tag{1.22}$$

ここに，q_{0s}：積込み機械のバケット容量 [m³]，K：バケット係数

（6）ショベル系掘削機とダンプトラックの組み合わせ

掘削・積込み機械とダンプトラックを効率よく稼働させるための組み合わせは次式で求められる．

$$M = \frac{Q_S}{Q_D} \tag{1.23}$$

ここに，M：掘削・積込み機械 1 台あたりのダンプトラックの組み合わせ台数 [台，整数]，Q_S：掘削・積込み機械の 1 時間あたりの作業能力 [m³/h]，Q_D：ダンプトラックの 1 時間あたりの作業能力 [m³/h]

例題 1.3 2 752 m³ の地山を 0.9 m³ 級のバックホーで掘削・積込みを行い，運搬は 11 t ダンプトラック（平積み 7.03 m³）で運びたい．運搬距離は 5.9 km で往時 20 km/h，復時 25 km/h の速度で運ぶとすると，バックホー 1 台に対し何台のダンプトラックが必要か．また，1 日 8 時間稼働するとして何日かかるか．ただし，土質は普通土で土量換算係数 $f = 1/L = 1/1.25$ とする．

解 $q_{0s} = 0.94$ m³, $K_S = 0.8$, $C_{ms} = 20$ s より

$$n = \frac{q_{0D}}{q_{0s} \cdot K_S} = \frac{7.03}{0.94 \times 0.8} = 9.3 \text{ 回}, \quad n = 10 \text{ 回とする}$$

$$q_{0D} = n \cdot q_{0s} \cdot K = 10 \times 0.94 \times 0.8 = 7.52 \text{ m}^3$$

したがって，ダンプトラック 1 回の積載量は $q_{0D} = 7.52$ m³ とする．ダンプトラックのサイクルタイム C_{mD} を求めると，

$$T_1 = 60 \times \frac{5.9}{20} = 17.7 \text{ min}, \quad T_2 = 60 \times \frac{5.9}{25} = 14.2 \text{ min}, \quad t_1 = 1.0 \text{ min}, \quad t_2 = 0.5 \text{ min},$$

$t_3 = 5$ min, $E_{DS} = 0.55$, $C_{ms} = 20$ s として，

$$C_{mD} = \frac{C_{ms} \cdot n}{60 \cdot E_s} + (T_1 + t_1 + T_2 + t_2 + t_3)$$

$$= \frac{20 \times 10}{60 \times 0.55} + (17.7 + 1.0 + 14.2 + 0.5 + 5.0) = 44.46 \text{ min}$$

$$Q_D = \frac{60 \cdot q_{0D} \cdot f \cdot E_D}{C_{mD}} = \frac{60 \times 7.5 \times (1/1.25) \times 0.9}{44.46} = 7.29 \text{ m}^3/\text{h}$$

$$Q_S = \frac{3\,600 \cdot q_{0s} \cdot K \cdot f \cdot E_S}{C_{mS}} = \frac{3\,600 \times 0.94 \times 0.80 \times (1/1.25) \times 0.55}{20}$$

$$= 59.55 \text{ m}^3/\text{h}$$

したがってダンプトラックの台数 M は

$$M = \frac{Q_S}{Q_D} = \frac{59.55}{7.29} = 8.2 \text{ 台}$$

ダンプトラックを 9 台とするとダンプトラックに余裕（待ち時間）ができる．ダンプトラックを 8 台にすると，バックホーに余裕ができることになる．ここでは $M = 9$ 台とする．したがって，待ち時間のないバックホーで計算する．

$$\frac{2\,752}{59.55 \times 8} = 5.8 \text{ 日}$$

約 6 日で掘削・積込み・運搬が完了する．

（7） 締固め機械

盛土の締固めには，機種と土質の組み合わせが重要である．締固め機械には

静的圧力，振動力，衝撃力によるものに分けられる．大規模な盛土工に際しては実際の盛土工事の前に試験盛土を行い，1回のまき出し厚さ，締固め機種，走行回数，施工時の含水比および密度を決定しておくことが望ましい．表1.21に締固め機械の諸元を示す．また，ロードローラー (road roller) の概略図を図1.15に，図1.16に外観を示す．

表1.21 (a) 主要締固め機械の諸元(1)

機械名	規格	出力 [PS]	重量 自重 [t]	重量 バラスト付 [t]	締固め幅 [m]
マカダムローラー	8〜10 t 級	61	8.2	10.5	1.02
	10〜12 〃	85	10.2	12.2	1.05
タイヤローラー	3 t 級	16	2.9	3.1	1.14
	6〜8 〃	39	6.0	8.0	1.50
	6〜10 〃	50	6.0	10.5	1.65
	8〜20 〃	83	8.5	16.3	2.13
	10〜28 〃	97	11.4	28.7	2.26
タンピングローラー	1.5〜2.8 t 級	—	1.5	2.8	1.10
	2.9〜5.6 〃	—	2.9	5.6	2.50
	7.5〜15.2 〃	—	7.5	15.2	3.27
	13.5〜20.7 〃	—	13.5	20.7	3.38

(b) 主要締固め機械の諸元(2)

機械名	規格	出力 [PS]	重量 [t]	起振力 [t]	締固め幅 [m]
振動ローラー	2〜2.8 t 級	12	2.6	1.6〜4.0	0.96
	4 〃	16	4.2	2.5	1.14

(道路土工指針，日本道路協会)

締固め機械の1時間あたりの作業能力は次式で求められる．

1) 土工量を締固めた土量で表す場合

$$Q = \frac{1\,000 \cdot V \cdot W \cdot H \cdot f \cdot E}{N} \tag{1.24}$$

2) 土工量を締固めた面積で表す場合

$$A = \frac{1\,000 \cdot V \cdot W \cdot E}{N} \tag{1.25}$$

ここに，Q：1時間あたりの作業量 [m³/h]，V：作業速度 [km/h]，W：1

26　1章　土　工

　　　　（a）マカダムローラー　　　　（b）タンデムローラー
図 1.15　ロードローラー（大原資生，三浦哲彦，最新土木施工，森北出版）

図 1.16　振動ローラー（小松製作所提供）

回の有効締固め幅 [m]，H：まき出し厚さ，または1層あたりの仕上がり厚さ [m]，f：土量換算係数，N：締固めまたは走行回数，E：締固め機械の作業効率（表1.22），A：1時間あたりの仕上がり面積 [m²/h]

表 1.22　締固め機械の作業効率

機械名	作業効率	
	路体・路床	路盤
マカダムローラー	(0.4〜0.6)	0.3〜0.7
タイヤローラー	0.3〜0.7	0.2〜0.6
振動ローラー	(0.4〜0.6)	0.1〜0.6
ブルドーザー	0.4〜0.8	—

（注）（　）は路床の場合
（道路土工指針，日本道路協会）

1.6 切土工

1.6.1 概説

わが国は山地が70%以上であり，土工を行うにあたっては切土を行うことは避けられない．また，わが国の自然地盤は複雑な地質で構成されており，切土をするには細心の注意をしないと，斜面の安定性が保てなくなる．切土後も，長雨・台風・地震の作用によって崩壊を起こす場合もある．このように切土を行うにあたっては，切土時だけでなく，その後の安定をも考慮する必要がある．

1.6.2 切土斜面の勾配

一般に，切土する場合，土の種類および岩質によって切土高さと斜面の勾配が「道路土工・斜面工・斜面安定工指針」に決められている．表1.23にその標準的な値を示す．しかし，現場の状況および隣接の概設の斜面を参考にして勾配を決めることが望ましい．また，完成後も斜面保護工を適切に行う必要が

表 1.23 切土の標準斜面勾配

地山の土質		切土高	勾配
硬 岩			1:0.3〜1:0.8
軟 岩			1:0.5〜11.2
砂	密実でない粒度分布の悪いもの		1:1.5〜
砂質土	密実なもの	5 m 以下	1:0.8〜1:1.0
		5〜10 m	1:1.0〜1:1.2
	密実でないもの	5 m 以下	1:1.0〜1:1.2
		5〜10 m	1:1.2〜1:1.5
砂利または岩塊まじり砂質土	密実なもの，または粒度分布のよいもの	10 m 以下	1:0.8〜1:1.0
		10〜15 m	1:1.0〜1:1.2
	密実でないもの，または粒度分布の悪いもの	10 m 以下	1:1.0〜1:1.2
		10〜15 m	1:1.2〜1:1.5
粘性土		10 m 以下	1:0.8〜1:1.2
岩塊または玉石まじりの粘性土		5 m 以下	1:1.0〜1:1.2
		5〜10 m	1:1.2〜1:1.5

(道路土工指針，日本道路協会)

ある．

1.6.3 切土の施工

切土の施工は，現地の地形，切土量，土質，運搬距離などを考慮して施工法を選択する．大量の切土を行う場合は，施工機械の選定には機械の組み合わせと効率を考える．

大規模な現場の掘削には，ベンチカット (bench cut) 工法があり，サイドヒル (side hill) 方式 (図 1.17(a)) あるいはボックスカット (box cut) 方式 (図(b)) が用いられる．ベンチカット工法は地山を階段状に掘削していく

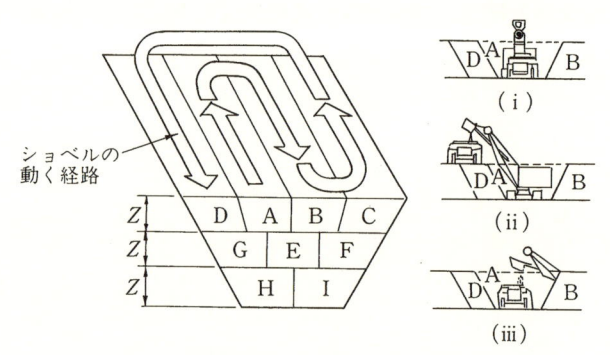

(a) サイドヒル方式 (A, B, C, … の順にカットする)

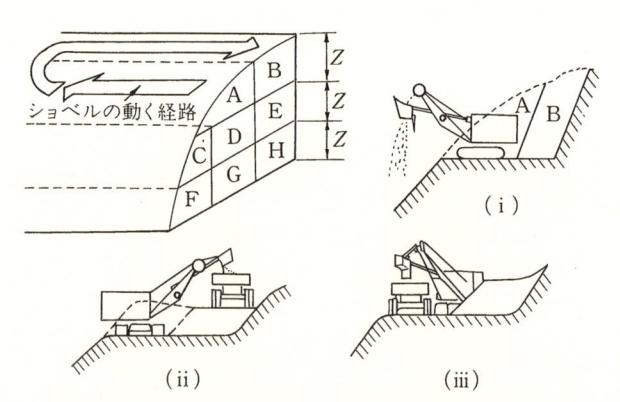

(b) ボックスカット方式 (A, B, C, … の順にカットする)

図 1.17 パワーショベルのベンチカット方式
(大原資生，三浦哲彦，最新土木施工，森北出版)

工法で，普通の土質ではショベル系掘削機械で掘削し，ダンプトラックに積込み，運搬する．掘削する地盤が硬い場合は，ブルドーザーに装着したリッパで掘削するか，リッパでも掘削できない場合は発破を行うのが一般的である．ダウンヒルカット（down hill cut）工法は運搬距離が短くて，ブルドーザーで掘削・押土できる土質の場合，効率的である．掘削面を下り勾配の斜面にして，薄く掘削していく工法である．

1.7 盛 土 工

1.7.1 概 説

道路などをつくるために盛土をする方法は，高架橋などの構造物を施工する場合と比較して，施工が容易で工費も安く，任意の形状に成形できる利点がある．また，1.5節で述べたように，土工機械の大型化により，短期間で大規模な盛土を施工することが可能になった．しかし，施工される盛土も一見同じようでもつくられる目的が異なるので，それぞれ必要とする機能に合った盛土施工をする必要がある．また，盛土材料は粘性土から硬岩まで多種多様であるので，それぞれの盛土材料に合った施工をする必要がある．

1.7.2 基礎地盤

（1） 伐開・除根・表土処理

草木や切株を完全に除去しないと盛土後腐食することにより，盛土に緩みや沈下を生じやすい．

（2） 軟弱地盤の処理

軟弱地盤層が厚い場合は，盛土施工中あるいは施工後，すべり破壊や大きな沈下を生じるので，地盤改良後に施工することが望ましい．地盤改良については，地盤工学会「地盤改良の調査・設計から施工まで」等を参照されたい．

これによれば，軟弱層厚3m以下の場合は大きな支障をきたすことは少ない．しかし，そのまま盛土すると第1層目の施工の際，土工機械のトラフィカビリチーの確保が困難になり，締固めが不十分になる．したがって，図1.18に示すように表層に0.5～1.0mの溝を掘り，その中に砂や砂利を詰め，全層にも0.5～1.0mのサンドマットを敷いて，トラフィカビリチーをよくした後，

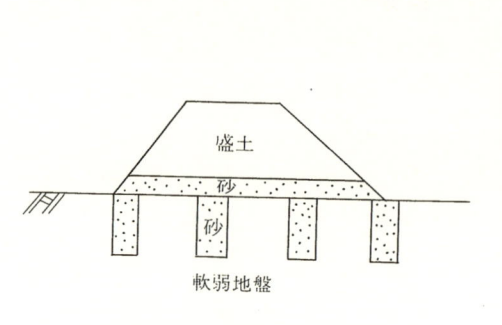

図 1.18　軟弱地盤上の盛土　　　図 1.19　締固めの曲線

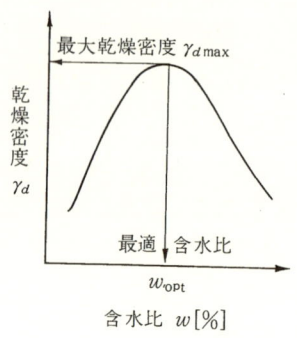

盛土をする必要がある．

1.7.3　締固め

土の含水比を変えて，締固め試験を行うと図 1.19 に示されるように上に凸の締固め曲線が得られる．すなわち，同じ締固めエネルギーで土はある含水比のとき，もっともよく締まるという性質をもっている．ピーク時の乾燥密度を最大乾燥密度 (maximum dry density) ρ_{dmax} とよび，そのときの含水比を最適含水比 (optimum moisture content, OMC) w_{opt} とよぶ．

1.7.4　締固め管理基準

1) 粘性土系：粘性土系に対しては空気間隙で管理することが多い．図 1.20 に見られるように，空気間隙率が適度である最適 v_a 線付近に締固められた土が，その含水比のもとで最大の強度を発揮する．また，最適の空気間隙を残した土は浸水によって強度を著しく減少させることがない．したがって，盛土に必要な所定の力学的特性を確保できる上限の含水比と空気間隙率で規定する．

2) 砂質土系：砂質土系に対しては，乾燥密度で規定する．最大乾燥密度になる最適含水比において施工することが望ましいが，実際には図 1.21 で表されるように，最大乾燥密度の許容範囲（$\gamma_{dmax} \times k$：k は 90〜100% で重要度によって決まる．）で施工が可能とすると，許容施工含水比が決定される．

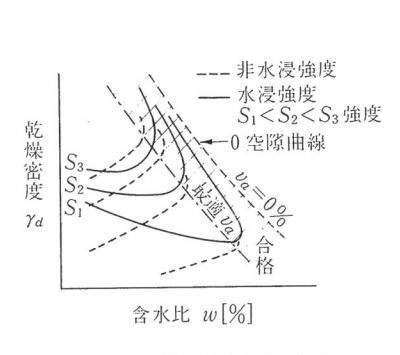

図 1.20　最適空気間隙率の概念　　図 1.21　密度と施工含水比

3)　試験盛土：現場施工では締固め方法が実験室とは異なるので，大規模工事では施工前に試験盛土を行い，実際の施工を効率よく行う必要がある。試験盛土においては，締固め機種，走行回数，まき出し厚，施工含水比，現場密度，空気間隙率などを決定しておく。

1.7.5　盛土斜面の勾配

盛土斜面の勾配は，主として盛土高さと盛土材料によって決まる。標準値を表1.24に示す。

盛土斜面の位置勾配および盛土の仕上り面の位置などは図1.22に示す丁張

表 1.24　盛土の標準斜面勾配

盛　土　材　料	盛土高 [m]	勾　配	摘　要
粒度の良い砂（SW），礫および細粒分混じり礫（GM）（GC）（GW）（GP）	5 m 以下	1:1.5～1:1.8	基礎地盤の支持力が十分にあり，浸水の影響のない盛土に適用する。 （　）の統一分類は代表的なものを参考に示す。
	5～15 m	1:1.8～1:2.0	
粒度の悪い砂（SP）	10 m 以下	1:1.8～1:2.0	
岩塊（ずりを含む）	10 m 以下	1:1.5～1:1.8	
	10～20 m	1:1.8～1:2.0	
砂質土（SM）（SC），硬い粘質土，硬い粘土（洪積層の硬い粘質土，粘土，関東ロームなど）	5 m 以下	1:1.5～1:1.8	
	5～10 m	1:1.8～1:2.0	
火山灰質粘土（VH$_2$）	5 m 以下	1:1.8～1:2.0	

（道路土工指針，日本道路協会）

(a) 切土　　　　　　　　(b) 盛土

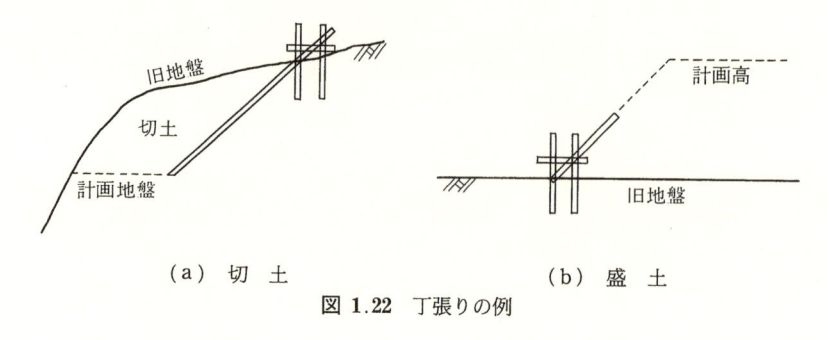

　　　　　図 1.22　丁張りの例

りという杭に横木を固定したもので示される．丁張りは盛土の出来高の基準となり，最後まで残さなければならないので正確で丈夫に造る必要がある．丁張りの間隔は直線区間で約 10 m，曲線区間で約 5 m，複雑な地形の所では 5 m 以下とする．

1.8　土積曲線

　道路のような長い延長にわたる土工においては，切土部と盛土部とが交互にあって，切土部で掘削した土を運搬して盛土部に用いる．その際に両方の土量をうまく均衡できれば遠方まで土捨てをする必要がなく効率のよい土工となる．道路のような土工に際しては，そのようになるように施工基面を設定するが，そのためには土積曲線を用いる．

　次に土積曲線のつくり方およびその特性について述べる．

　測量によって得られた縦断図面上に施工基面を書き入れる．次に各測点間あるいは測点と切土または盛土部分との境界点との間の土量を計算する．この際の土量の計算には土量の変化率を考えて計算する．図 1.23 に示す累積土量の変化を，縦軸に土量，横軸に距離をとったグラフに曲線として記入する．この曲線を**土積曲線**という．

　土積曲線には次の性質がある．

① 曲線は累加土量の変化を示すもので，その勾配が負の区間は盛土区間，正の区間は切土区間となる．曲線の極小点は盛土区間から切土区間への，極大点は切土区間から盛土区間への変移点である．

② 曲線の極大値とその次にある極小値の差が，この 2 点間の全土量を示す．

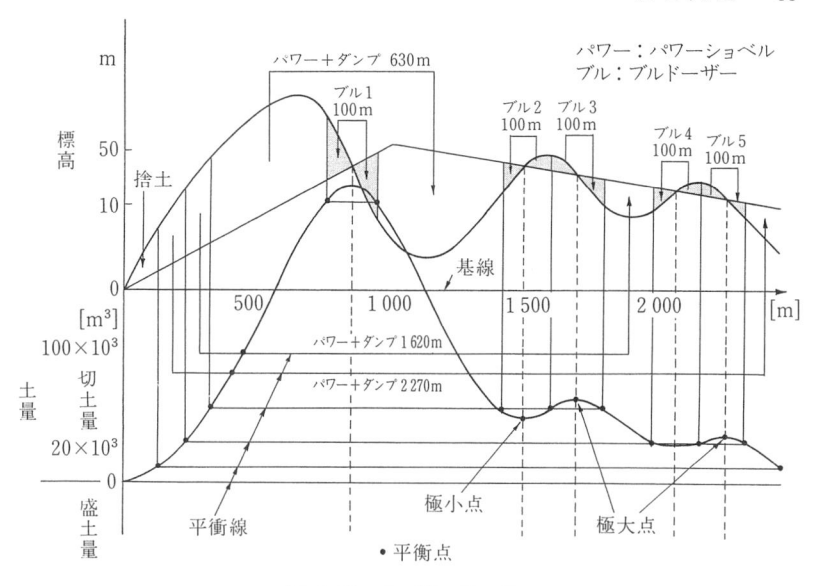

図 1.23 土 積 曲 線

③ 基線に平行な任意の曲線をひき，相隣接する交点との間の土量は切土と盛土が平衡している．すなわち，この基線に平行な線を平衡線，曲線との交点を平衡点という．

④ 平衡線から曲線の極小点や極大点までの垂直長さは切土から盛土へ運搬すべき全土量を表している．

⑤ 切土から盛土への平均運搬距離は全土量の1/2点を通る平衡線の長さで示される．土工計画を立てる場合，土の運搬距離を知る必要があるが，これは一般に，この平均運搬距離をもってあてる．

結局，土取場・土捨場の位置やその土工量などを考えて，平衡線を上下させて，施工が容易でしかも経済的な土量配分および施工法を検討する．

演 習 問 題

1.1 土の締固め試験をしたら，表1.25の結果を得た．乾燥密度 γ_d を計算し，締固め曲線を書き，最大乾燥密度の95%で施工管理する場合の許容施工含水比の範囲を求めよ．

表 1.25

締固め回数	1	2	3	4	5	6	7	8
湿潤密度 γ_t [kN/m³]	10.65	12.16	12.94	13.51	14.19	14.38	14.39	14.13
乾燥密度 γ_d [kN/m³]								
含水比 w [%]	55.3	67.1	71.5	75.0	79.8	85.5	91.8	98.8

1.2 タイヤローラーの締固め作業能力を土量で求めよ。ただし、タイヤローラーの自重は 60 kN で締固め幅は 1.5 m、作業速度は 3.0 km/h、1層あたりの仕上り厚さは 0.3 m、締固め回数 5 回、作業効率は 0.5、土量換算係数 $f = 0.85$ とする。

1.3 地山 3 000 m³ を自走式スクレーパで掘削運搬したい。1日8時間稼動するとして何日必要か。

ただし、ボール容量 $q_0 = 10.9$ m³、積載係数 $K = 1.0$、土量換算係数 $f = 0.85$、作業効率 $E = 0.7$ とし、運搬距離は 500 m、積込みおよび散土距離は 50 m、ギヤ切り換え、その他として 1 min 必要とし、走行速度は運搬中 20 km/h、帰り 25 km/h、積込みおよび散土速度は 5 km/h とする。

1.4 道路土工を計画した際、図 1.24 の土積曲線が得られた。この現場ではブルドーザーと、ショベルとダンプトラックのみ使用できるとして、効率的な運土計画と運搬距離を求めよ。

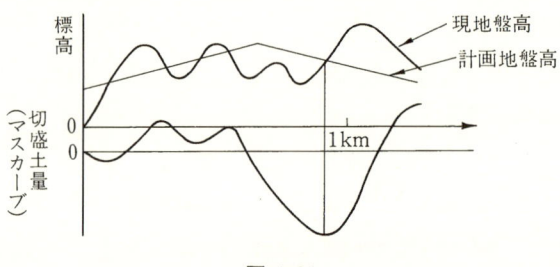

図 1.24

2章
基　礎　工

2.1　概　　説

構造物の荷重（鉛直力 V，水平力 H，転倒モーメント M）を地盤に伝達する部分を**基礎**という．基礎の形成を大別すると図 2.1 のように分類される．

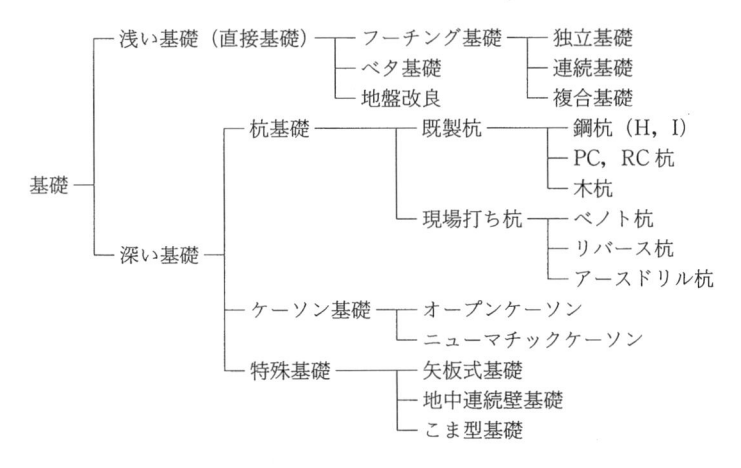

```
                ┌─ 浅い基礎（直接基礎）─┬─ フーチング基礎 ─┬─ 独立基礎
                │                        │                    ├─ 連続基礎
                │                        │                    └─ 複合基礎
                │                        ├─ ベタ基礎
                │                        └─ 地盤改良
基礎 ─┤
                │                        ┌─ 既製杭 ─┬─ 鋼杭（H, I）
                │         ┌─ 杭基礎 ─┤              ├─ PC, RC 杭
                │         │              │              └─ 木杭
                │         │              └─ 現場打ち杭 ─┬─ ベノト杭
                └─ 深い基礎 ┤                             ├─ リバース杭
                          │                             └─ アースドリル杭
                          ├─ ケーソン基礎 ─┬─ オープンケーソン
                          │                 └─ ニューマチックケーソン
                          └─ 特殊基礎 ─┬─ 矢板式基礎
                                       ├─ 地中連続壁基礎
                                       └─ こま型基礎
```

図 2.1　基礎の種類

　浅い基礎は，構造物を支えるのに十分な支持層が地表面または地表面付近の浅い位置にあるときに用いられる．多少深くても，支持層に直接構造物が設置されれば浅い基礎という．また地盤の支持力が不足している場合，地盤を改良して浅い基礎を利用することもある．
　深い基礎は，地盤の支持層と構造物との間に杭やケーソン（caisson）のような介在物を通して荷重を伝達する場合をいう．多少浅くても杭などを使用する場合は深い基礎という．

基礎の選定にあたっては，支持層の性状と位置などの地盤条件，上部構造物の形成，機能，配置などの構造物条件，荷重，安全率，許容沈下量などの設計・施工条件および周辺の状況などの環境条件と経済性を考えて検討する必要がある．標準的な基礎の構造を図2.2に示す．

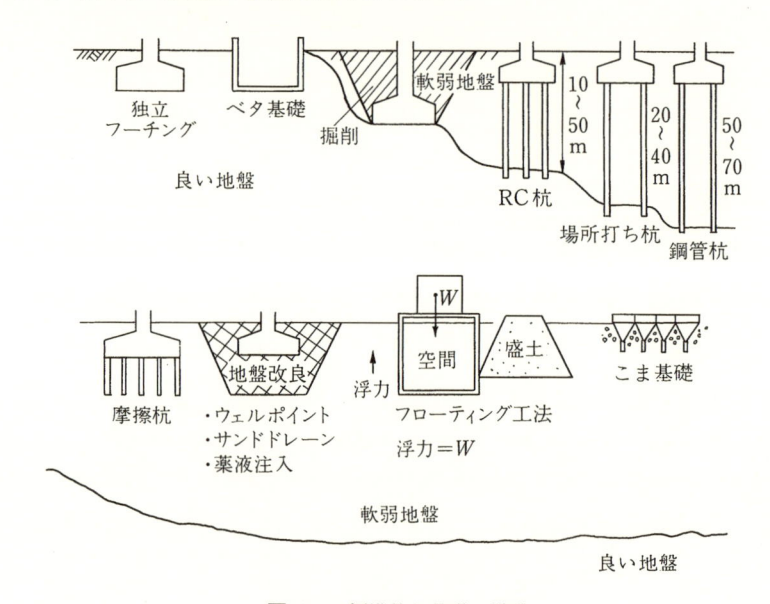

図 2.2 標準的な基礎の構造

2.2 浅い基礎(直接基礎)

浅い基礎にはフーチング基礎とベタ基礎とがある．いずれも地表面付近で十分な支持力が期待できる地盤で用いられる．

2.2.1 地盤の支持力
（1） 載荷試験による方法

地盤は通常一様でなく，地盤の支持力を単に式のうえで計算して決めるのは実際の支持力と異なる場合がある．そこで，直接所要の地盤で載荷試験を行って，その結果から地盤の支持力を求める方法が確実である．

載荷試験の方法は図2.3に示すように，載荷板に油圧ジャッキで載荷する．

載荷方法は予想される極限荷重の 1/5 ずつ荷重強度を増加し，各段階の荷重強度で 24 時間後に沈下量の増加がなくなったことを確認して次の荷重を加える．沈下量の測定は載荷後 6 時間までは 1 時間ごと，その後は 12 時間ごとに行う．

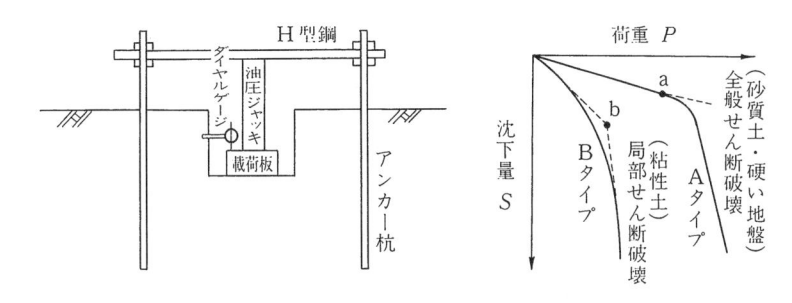

図 2.3 載荷試験の一例　　図 2.4 極限支持力の求め方

その結果，図 2.4 に示すような荷重-沈下曲線が得られる．終局強さに至るまでの沈下量が小さく地盤はある荷重で急激な破壊現象を呈する．これは**全般せん断破壊**とよばれ，締まった砂地盤や過圧密の粘土地盤でみられる．

全般せん断破壊を生じる地盤では，荷重-沈下曲線の直線部からはずれる点（図 2.4 の点 a）の示す荷重を極限支持力とする．一方，せん断抵抗が十分発揮されるまでの沈下量が大きい場合には，荷重-沈下曲線はゆるやかな曲線をかき，明確な破壊点は生じない．これを**局所せん断破壊**とよび，緩い砂質土や粘土地盤でみられる．この場合の極限支持力の推定方法は，もし曲線の前半と後半に直線部分が現れればその終始点（点 b）をもって，また直線部分が認められない場合は，荷重沈下量を両対数でプロットすると一般に折れ線が認められるので，この折れ点をもって極限支持力とする．

（2） 支持力公式による方法

一般に支持力を求める場合，構造物により基礎が破壊する直前の支持力を極限支持力 q_u とよび，極限支持力を求めた後，極限支持力を安全率で割ったものを許容支持力 q_a とよび，実際の設計には許容支持力が用いられる．おもな支持力公式は次のとおりである．

1） テルツァギの支持力公式：地盤の支持力公式で最もよく用いられる公式である．載荷試験で示したように，全般せん断破壊と局所せん断破壊に分け

て用いられる．

$$q_u = \alpha c N_c + \beta \gamma_1 B N_\gamma + \gamma_2 D_f N_q \tag{2.1}$$

ここに，q_u：極限支持力 [kN/m²]，c：土の粘着力 [kN/m²]，γ_1：基礎荷重面下の地盤の平均単位体積重量 [kN/m³]，γ_2：基礎荷重面より上の地盤の平均単位体積重量 [kN/m³]，B：基礎荷重面の最小幅 [m]，D_f：基礎の根入れ深さ [m]，α，β：表 2.1 に示す形状係数，N_c，N_γ，N_q：表 2.2 に示す支持力係数

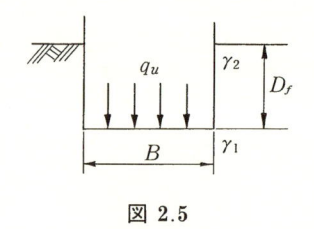

図 2.5

表 2.1 形状係数

基礎形状	連続	正方形	長方形	円形
α	1.0	1.3	$1 + 0.3\dfrac{B}{L}$	1.3
β	0.5	0.4	$0.5 - 0.1\dfrac{B}{L}$	0.3

L：長方形の長辺の長さ

表 2.2 支持力係数

ϕ	全般せん断			局部せん断		
	N_c	N_γ	N_q	N_c	N_γ	N_q
0°	5.71	0	1.00	3.81	0	1.00
5	7.32	0	1.64	4.48	0	1.39
10	9.64	1.2	2.70	5.34	0	1.94
15	12.8	2.4	4.44	6.46	1.2	2.73
20	17.7	4.6	7.48	7.90	2.0	3.88
25	25.1	9.2	12.7	9.86	3.3	5.60
30	37.2	20.0	22.5	12.7	5.4	8.32
35	57.9	44.0	41.4	16.8	9.6	12.8
40	95.6	114.0	81.2	23.2	19.1	20.5
45	172	320	173	34.1	27.0	35.1

例題 2.1 辺長 1.5 m の正方形フーチングがある．根入れ深さは 2.0 m，地盤の内部摩擦角 $\phi = 30°$，粘着力 $= 4.9 \, \text{kN/m}^2$，単位体積重量 $\gamma_1 = \gamma_2 = 14.7 \, \text{kN/m}^3$ である．全般せん断破壊とし，安全率は 3.0 とする．許容支持力 q_a を求めよ．

[解] 題意より，$\alpha = 1.3$，$c = 4.9 \, \text{kN/m}^2$，$N_c = 37.2$，$\beta = 0.4$，$B = 1.5 \, \text{m}$，$N_r = 20$，$\gamma_1 = \gamma_2 = 14.7 \, \text{kN/m}^3$，$D_f = 2.0 \, \text{m}$，$N_q = 22.5$ となるので，

$$q_u = 1.3 \times 4.9 \times 37.2 + 0.4 \times 14.7 \times 1.5 \times 20 + 14.7 \times 2.0 \times 22.5$$
$$= 1\,074 \, \text{kN/m}^2$$

したがって，許容支持力 q_a は

$$q_a = 1\,074/3.0 = 358 \, \text{kN/m}^2$$

となる．

2) プランドルの支持力公式：塑性理論に基づいて，プランドルは図 2.6 に示されるような長い帯状のフーチングが地表にある場合の極限支持力を導いた．

$$q_u = \left\{ c \cot \phi + \gamma_t b \tan\left(45° + \frac{\phi}{2}\right) \right\} \left\{ \tan^2\left(45° + \frac{\phi}{2}\right) e^{\pi \tan \phi} - 1 \right\} \tag{2.2}$$

ここに，q_u：極限支持力 [kN/m²]，c：土の粘着力 [kN/m²]，ϕ：土の内部摩擦角，γ_t：土の単位体積重量 [kN/m³]，b：フーチング幅の 1/2 [m]

I：主働領域
II：放射状せん断領域
III：受働領域

$\alpha = 45° + \dfrac{\phi}{2}$

$\beta = 45° - \dfrac{\phi}{2}$

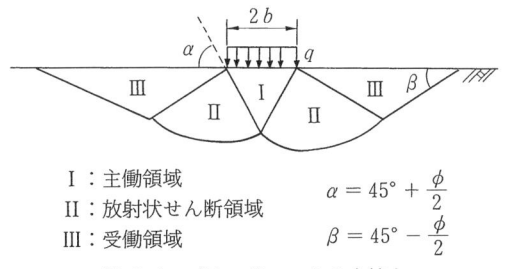

図 2.6 プランドルによる支持力

3) ランキンの支持力公式：ランキンは構造物直下および先端部における主応力状態より，図 2.7 に示されるモールの円を利用して極限支持力を導いた．

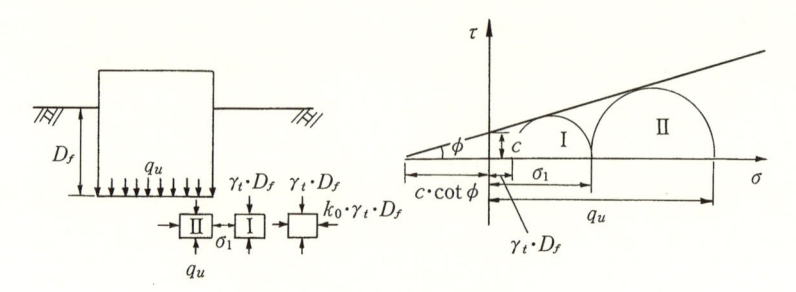

図 2.7 ランキンの極限支持力

$$q_u = \gamma_t D_f \tan^4\left(45° + \frac{\phi}{2}\right) + 2c \tan^3\left(45° + \frac{\phi}{2}\right)$$
$$+ 2c \tan\left(45° + \frac{\phi}{2}\right) \tag{2.3}$$

ここに，q_u：極限支持力 [kN/m²]，D_f：基礎の根入れ深さ [m]，c：土の粘着力 [kN/m²]，ϕ：土の内部摩擦角，γ_t：地盤の平均単位体積重量 [kN/m³]

4）チェボタリオフの支持力公式：内部摩擦角がない粘性土地盤で図2.8に示される点Oを中心とする円形すべりが生じるとして導かれた．ただし，$\overline{GF}$は直線とする．

$$q_u = c\left(2\pi + \frac{2D_f}{B}\right) + \gamma_t D_f \tag{2.4}$$

ここに，q_u：極限支持力 [kN/m²]，c：土の粘着力 [kN/m²]，ϕ：土の内部摩擦角，γ_t：地盤の平均単位体積重量 [kN/m³]，B：基礎荷重面の最小

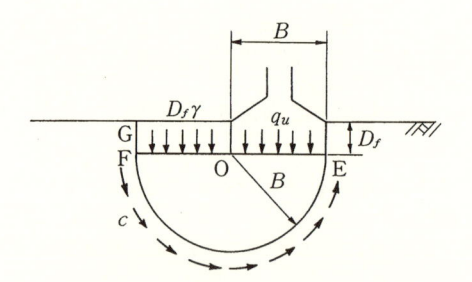

γ_t：地盤の単位体積重量，$\phi = 0°$，c：粘着力
図 2.8 チェボタリオフの極限支持力

幅 [m], D_f：基礎の根入れ深さ [m]

各式で地表面載荷で，粘着力 c のみの土で $\phi = 0°$ の地盤の場合の極限支持力を比較すると，次のようになる．

$$\text{テルツァギ} \qquad q_u = 5.71\,c \ [\text{kN/m}^2]$$
$$\text{プランドル} \qquad q_u = 5.14\,c \ [\text{kN/m}^2]$$
$$\text{ランキン} \qquad q_u = 4.00\,c \ [\text{kN/m}^2]$$
$$\text{チェボタリオフ} \qquad q_u = 6.28\,c \ [\text{kN/m}^2]$$

別々の考え方で極限支持力 q_u を求められたが，近い値になっている．

2.2.2 地盤改良工法

地盤の支持力が不足する場合は，地盤改良によって支持力を増加させる必要がある．

（1）置き換え工法

最も確実な方法で，図 2.9 に示すように，所要の範囲の軟弱土を取り除き，良質な砂や砂利に置き換える工法である．除去後の捨場，置き換え土の大量入手，置き換え土砂の締固めなどが必要で，比較的浅い軟弱層に用いられることが多い．また，大口径の締固め砂杭を密に打設して，強制排土的に締固めた砂質地盤を造成する方法もある．

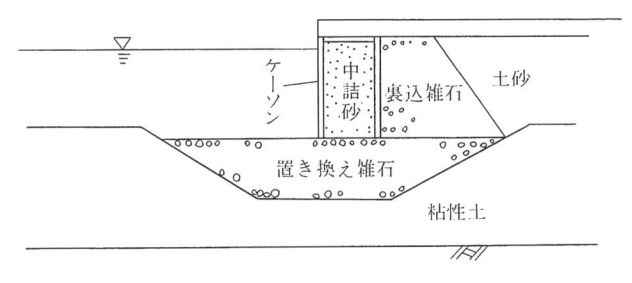

図 2.9 置き換え工法の一例

（2）密度を増加させる方法

この工法には自然圧密，加圧脱水（バーチカルドレーン，vertical drain）と化学的脱水の方法がある．自然圧密で最も利用されるのはプレローディング（preloading）工法である．図 2.10 に示すように，あらかじめ予想される荷重

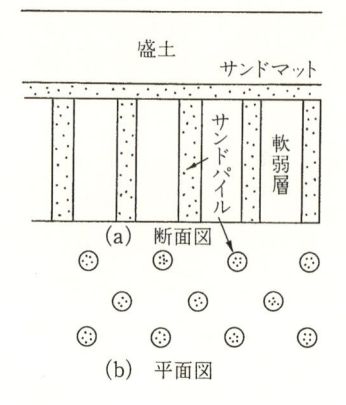

図 2.10 サンドドレーン工法

を盛土しておき，圧密が終了した後，構造物を載荷する方法であるが，圧密には時間がかかるのでバーチカルドレーン工法と併用されることが多い．代表的なものには1950年代導入されたサンドドレーン（sanddrain）工法がある．

ドレーン材は砂の代わりにボード系ドレーン材，プラスチック系ドレーン材もある．

（3） 固結による強度増大

1） セメント・石灰工法：セメントや石灰による結合効果により，支持力や圧密特性が改善される．このような効果は材料土の利用範囲を広げ，トラフィカビリチーを改善して施工性をよくする．したがって，高含水比の土や不良土も利用可能になり，対象地盤の範囲も拡大している．地盤改良工法は表層と深層とに分けられる．

a） 表層地盤改良工法　原材料土と改良材を混合プラントで混合し，運搬して使用する場合を**中央混合方式**という．土取場で原材料土と改良土を混合する場合を**地山混合方式**という．原材料土を掘削しておいて，その上に改良材を散布する場合を**路上混合方式**という．

b） 深層地盤改良工法
　（i） 石灰パイル方式：生石灰を地盤中に柱状に打設することにより，周囲の地盤から吸水膨張し，かつ発熱効果により，地盤を圧密して改良する方法である．

（ⅱ） 混合方式：地盤中にセメント・石灰を乾燥状態で供給し，かくはん（攪拌）混合して改良材の水和作用と化学的作用で地盤を改良する方法である．

c） 注入方式　　地盤の土粒子間隙や割れ目に，セメント・石灰のスラリーを加圧注入して，改良材の化学的作用で地盤改良する方法である．

d） 注入混合方式　　改良材を注入しながら，機械的に混合して改良効果を高めようとする方法である．スラリーを高圧で噴射してかくはん混合する方法もある．いずれの工法の場合も，原材料土の性質により各社が製造している改良材の性質および添加量を適切に選択し，配合設計施工する必要がある．

2.3 深 い 基 礎
2.3.1 概　説

杭は，その支持機構によって支持杭，摩擦杭および締固め杭に分けられる．それぞれの支持機構は図 2.11 に示すとおりである．

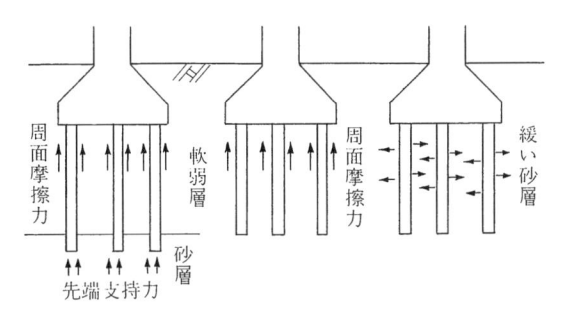

（a） 支持杭　　（b） 摩擦杭　　（c） 締固め杭
図 2.11　各種杭の支持力機構

構造物の重要度が低く，しかも良質な支持層が特に深い場合を除いて，杭基礎は良質な支持層に支持させる支持杭にする．締固め杭は杭を打ち込んで杭間の土の間隙比を小さくして，土の支持力を増加する目的の杭である．砂質土において有効である．

長期の荷重に対して杭ができるだけ均等な荷重を受けるよう配列を考える．なお杭の最小間隔は，杭径の 2.5 倍以上とする．

2.3.2 既製杭
(1) 鋼 杭
鋼杭には鋼管杭，H型杭およびI型杭がある．

長所として，
　① 大きな支持力が期待できる．
　② 硬い層や砂質，礫層を貫いて打込みが可能である．
　③ 断面が小さいため地盤の乱れが少ない．
　④ 溶接により接続が可能である．

一方短所として，
　① 腐食しやすい．
　② 摩擦杭や締固め杭としては有効ではない．

用途としては重量構造物基礎，桟橋・橋脚基礎等で使用される．

(2) コンクリート杭
コンクリート杭には鉄筋コンクリート杭（RC杭），プレストレストコンクリート杭（PC杭）がある．

長所としては，
① 大きな支持力が得られる．
② 耐久性が大きい．

短所としては，
① 重量が大きいため，大型の施設を必要とする．
② 打込後の切断，継ぎ足しに手間がかかる．

用途としては水中構造物の基礎，重量構造物の基礎で使用される．

(3) 合成杭
合成杭には，木とコンクリートからなる合成杭と，鋼管とコンクリートからなる合成杭がある．合成杭の長所は曲げに抵抗することであるが，弱点は継ぎ手にあり，通常支持力の低減を行う．

(4) 木 杭
木杭には，マツ，クリ，ヒノキが使用される．

長所としては，
① 安価である．

② 地下水面以下では耐久性がある．
短所としては，
① 大きな支持力は期待できない．
② 打込み時に頭部を損ねやすい．
用途としては，仮設構造物の基礎で使用される．

2.3.3 場所打ちコンクリート杭

土木構造物が大型化し，大口径で長い杭基礎が必要になっている．既製杭は運搬にも制約があるため現場で杭を打つ場合が多くなってきている．しかし，土中に所要の口径の削孔によっては周りの土が崩れるので，その崩壊を防ぐため種々の工法がとられている．

場所打ち杭は，ケーシング（casing）などを地中に打込む，または削孔によって地中に設けた孔の中に鉄筋を挿入し，コンクリートを打設してつくられる．

（1） ベノト工法

ベノト（benoto）工法はオールケーシング工法ともよばれ，鋼管のケーシングを使用する．削孔に先立ち，ケーシングを揺動圧入しながらハンマーグラ

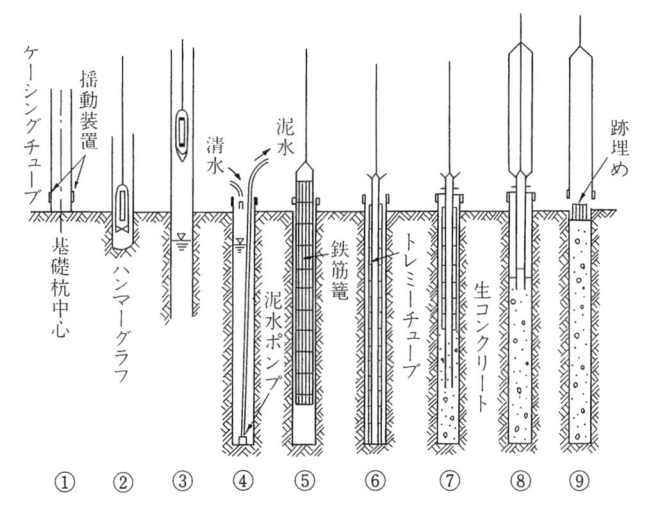

図 2.12 ベノト工法の施工順序
（矢作　枢，大崎勝弘，新体系土木工学，基礎工（1），技報堂）

ブバケットにより削孔を行い，鉄筋を挿入後コンクリートを打設する工法である．図2.12にベノト工法の施工順序を示す．

ベノト工法の長所としては，
① 土質への適用性が広い．
② ケーシングを使用するので土砂崩壊が少ない．

短所としては，
① 砂層が厚い場合，ケーシングが引き抜けなくなり埋め殺しになる．
② ケーシング挿入，引抜きに大きい反力を必要とする．

(2) リバース工法

リバース（reverse）工法は，ケーシングを使用しないで，泥水と2m以下

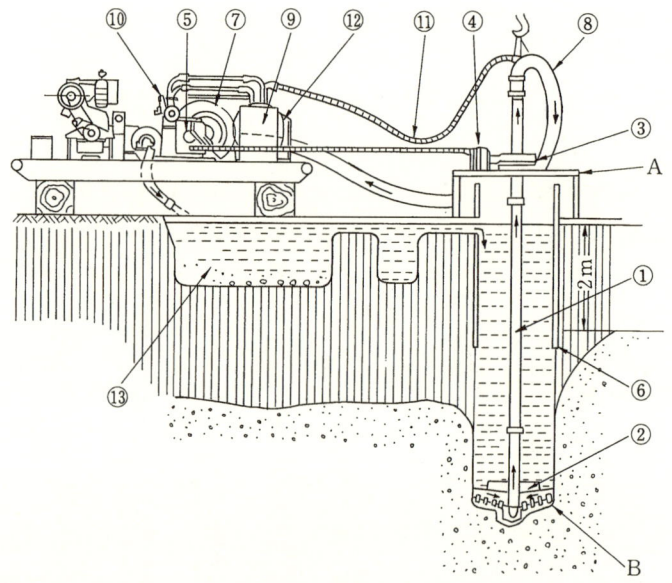

① ドリルパイプ　② ドリルビット　③ ロータリーテーブル
④ オイルモータ　⑤ オイルポンプ　⑥ ケーシング
⑦ サクションポンプ　⑧ サクションホース　⑨ バキュームタンク
⑩ バキュームポンプ　⑪ バキュームホース　⑫ 冷却水タンク
⑬ 溜池

図 2.13　リバースサーキュレーション工法（ポンプサクション式）
　　　　（土質工学会，クイ基礎の調査・設計から施工まで）

の水頭差でつくられるマッドフィルムで孔壁を保護し土砂崩壊を防ぐ工法である．ドリルビットで掘削された土砂は水中ポンプで吸い上げ，溜池に排出し，泥水は再び孔内へと流す形式であるが，泥水が逆循環するのでリバースサーキュレーション（reverse circulation）工法ともよばれている．掘削後泥水中に鉄筋を挿入し，トレミー管よりコンクリートを底部より打設する．リバース工法の例を図 2.13 に示す．

長所としては，

① 崩れやすい地表部 2～3 m 以外は，ケーシングを使用しないで削孔ができる．

② かなりの深さまで削孔できる．

短所としては，

① 泥水の管理および処理が必要である．

② ドリルパイプの口径（約 20 cm）以上の玉石が存在すると排出できなくなる．

(3) アースドリル工法

良好な地盤において，ケーシングや泥水を用いず，回転式バケットにより削孔し，鉄筋挿入後コンクリートを打設する工法である．削孔中に孔壁を防護する必要がある場合は泥水を用いる．

長所としては，

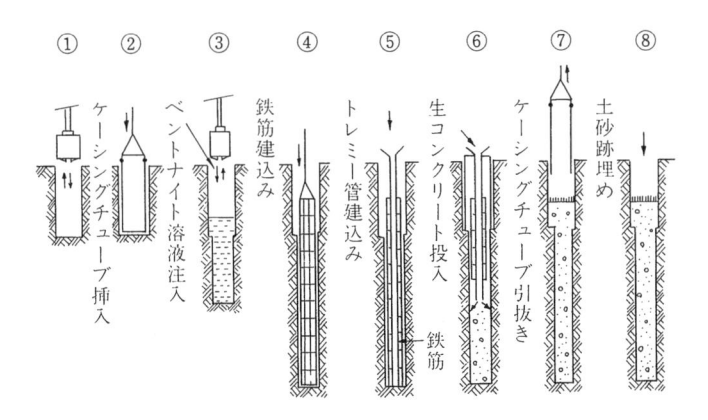

図 2.14 アースドリル工法の施工順序
(矢作 枢，大崎勝弘，新体系土木工学，基礎工(1)，技報堂)

① ケーシングや泥水を用いないので安価である．
② ローム質の地盤では効果がよい．

短所としては，

① 削孔途中に砂層などがあると孔壁崩壊の危険がある．

2.3.4 杭の許容支持力

（1） 概　説

杭の軸方向許容支持力は，地盤条件，杭の条件および杭の沈下量から決定される．杭の許容支持力を求める方法としては，

① 載荷試験より求める方法．
② 静力学的支持力公式より求める方法．
③ 動力学的支持力公式より求める方法がある．

この中で載荷試験より求める方法が最も信頼性が高い．しかし，費用，工期などの関係で，静および動力学的支持力公式で求める場合もある．

（2） 載荷試験から求める方法

実物大の杭に直接載荷して，その結果から杭の許容支持力を求めるので最も信頼性が高い．載荷試験より降伏荷重を求める方法はつぎのとおりである．

1） $\log P \sim \log S$ 法：荷重と沈下量 S を両対数でプロットし，これを結ぶ直線が急折する点を降伏荷重とする．

2） $S \sim \log t$ 法：沈下量 S を普通目盛りで，時間 t を対数目盛りでプロットし，この点を直線で結ぶ．これらの曲線が凹形の曲線を示すようになる限界の荷重を降伏荷重とする．

3） $\Delta S/\Delta \log t \sim P$ 法：荷重 P と一定時間後の対数沈下速度 $\Delta \log t/\Delta S$ を普通目盛りにプロットし，直線が急折する点を降伏荷重とする．

降伏荷重の決定にはこれらの結果を総合的に判定することが望ましい．

（3） 静力学的支持力公式

静力学的支持力公式は，地盤と杭との関係から支持力を求める方法である．

1） テルツァギの支持力公式：

$$R_u = R_p + R_f$$
$$= (\alpha c N_c + \beta \gamma_1 D N_\gamma + \gamma_2 D_f N_q) A_p + UL\bar{f}_s \qquad (2.5)$$

$$\bar{f}_s = \frac{\Sigma(c_i + k_s q_i \tan \delta_i) L_i}{L} \tag{2.6}$$

ここに，R_u：杭の極限支持力，R_p：杭の先端支持力，R_f：杭の周面摩擦力，c：杭先端部分の土の粘着力 [kN/m²]，γ_1：杭先端から下の土の単位体積重量 [kN/m³]（地下水位以下は水中単位体積重量），γ_2：杭先端から上の土の単位体積重量 [kN/m³]，D_f：地盤表面から杭先端までの深さ [m]，D：杭の直径または幅 [m]，A_p：杭の断面積 [m²]，U：杭の周長 [m]，L：地中部分にある杭長 [m]，$\bar{f}_s$：杭周面の平均摩擦力 [kN/m²]，N_c, N_γ, N_q：杭先端地盤の支持力係数（表2.2），α, β：杭の形状係数（表2.1），c_i：第 i 層の粘着力 [kN/m²]，δ_i：第 i 層の杭と土の摩擦力 [度]$\left(\delta = \left(\frac{2}{3} \sim \frac{3}{4}\right)\phi\right)$，$K_s$：土圧係数（$K_s = 0.25 \sim 1.0$ で通常 0.5），q_i：第 i 層の中間の深さにおける土被り圧 [kN/m²]

表2.3から f_s を求めてもよい．

表 2.3 土の種類と f_s の値

	土 質	f_s [kN/m²]
細粒土	浮 泥	12.3 ± 10
	シルト	14.7 ± 10
	軟粘土	19.6 ± 10
	シルト質粘土	29.4 ± 10
	砂質粘土	29.4 ± 10
	中粘度	34.3 ± 10
	砂質シルト	39.2 ± 10
	硬い砂質粘土	44.1 ± 10
	密なシルト質粘土	58.8 ± 15
	硬く締まった粘土	73.5 ± 20
粗粒土	シルト質砂	29.4 ± 10
	砂	58.8 ± 25
	砂および砂礫	98.0 ± 50
	礫	122.5 ± 50

(1 tf/m²＝9.8 kN/m²)

[例題 2.2] 図 2.15 のような粘土層と砂層からなる地盤に，直径 0.3 m，長さ 14 m の杭を打設した．許容支持力を求めよ．

中粘土　10 m　$\gamma_t = 15\,\text{kN/m}^3$
　　　　　　　$c = 20\,\text{kN/m}^2$
　　　　　　　$\phi = 0°$

砂　4 m　$\gamma_t = 18\,\text{kN/m}^3$
　　　　　$c = 0\,\text{kN/m}^2$
　　　　　$\phi = 20°$

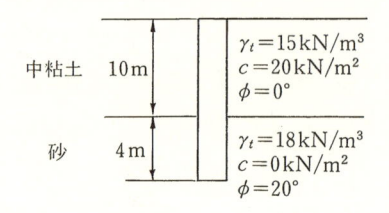

図 2.15

[解] 題意より，杭の断面積 $A_p = 0.071\,\text{m}^2$，杭の周長 $U = 0.942\,\text{m}$，杭の長さ $L = 14\,\text{m}$

1層目および2層目の中間の深さにおける土被り圧 q_1 および q_2 は

$$q_1 = 5 \times 15 = 75\,\text{kN/m}^2,\quad q_2 = 10 \times 15 + 2 \times 18 = 186\,\text{kN/m}^2$$

したがって，杭周面の平均摩擦力 $\bar{f}_s$ は $K_s = 0.5$ とすると

$$\bar{f}_s = \frac{(20 + 0.5 \times 75 \times \tan 0) \times 10 + (0 + 0.5 \times 186 \times \tan 20) \times 4}{14}$$

$$= 24.0\,\text{kN/m}^2$$

$$R_p = (0 + 0.3 \times 18 \times 0.3 \times 4.6 + 18 \times 14 \times 7.48) \times 0.071$$

$$= 134.4\,\text{kN}$$

$$R_f = 0.942 \times 14 \times 24.0 = 316.5\,\text{kN}$$

したがって，極限支持力は

$$R_u = 450.9\,\text{kN}$$

安全率を3.0として，許容支持力は

$$R_a = 150.3\,\text{kN}$$

となる．

2) マイヤーホフ（Meyerhob）の支持力公式

$$R_u = \left(q_c A_p + \frac{1}{200}\bar{q}_c A_s + \frac{q_c}{2}A_c\right) \times 9.8 \quad [\text{kN}] \tag{2.7}$$

$$R_u = \left(40\bar{N}A_p + \frac{1}{5}\bar{N}_s A_s + \frac{\bar{N}_c}{2}A_c\right) \times 9.8 \quad [\text{kN}] \tag{2.8}$$

ここに，q_c：杭先端地盤のコーン支持力 $[\text{kN/m}^2]$，$\bar{q}_c$：杭先端までの砂層のコーン支持力の平均値 $[\text{kN/m}^2]$，A_p：杭先端の断面積 $[\text{m}^2]$，A_s：杭の砂層部分の周面積 $[\text{m}^2]$，A_c：杭の粘性土部分の周面積 $[\text{m}^2]$，$\bar{N}$：杭

先端地盤の N 値（杭先端から上に $4D$ と下に D の間の平均 N 値），D：杭径 [m]，$\bar{N}_s$：砂層部分の N 値の平均値，$\bar{N}_c$：粘性土部分の N 値の平均値

（4） 動力学的支持力公式

ハンマーの打設エネルギーと1打あたりの杭の貫入量の関係から杭の支持力を推定する式である．支持層と思われる所で沈下量を測定する．道路橋下部構造設計指針に見られるとおりである．許容支持力 R_a [kN] で表している．

1） ASSHO（American Association of State Highway Officials, 米国州政府道路交通担当官協会）の式

$$R_a = \frac{1}{6}\frac{W_H H}{S + 2.5} \quad \text{（重力ハンマー）} \tag{2.9}$$

$$R_a = \frac{1}{6}\frac{W_H H}{S + 0.25} \quad \text{（単働蒸気ハンマー）} \tag{2.10}$$

$$R_a = \frac{1}{6}\frac{H(W_H + A_p p)}{S + 0.25} \quad \text{（複働蒸気ハンマー）} \tag{2.11}$$

ここに，W_H：ハンマーの打撃部分の重量 [kN]，H：ハンマーの落下高さ [cm]，A_p：ピストンの面積 [cm^2]，p：ハンマーにかかる蒸気圧 [kN/cm^2]，S：最後の5〜10回の打ち込みに対する1回あたりの平均貫入量 [cm]

2） ハイリー（Hiley）の式

$$R_a = \frac{1}{3}\frac{e_f F}{S + \dfrac{K}{2}} \tag{2.12}$$

ここに，K：リバウンド量 [cm]，e_f：効率（$e_f = 0.5 \sim 0.6$），F：打撃エネルギー [kN·cm]

ドロップハンマー，単働蒸気ハンマーの場合　$F = W_H \cdot H$

複働蒸気ハンマーの場合　$F = (A_p p + W_H)H$

2.4 ケーソン工法

ケーソン基礎は，地中に基礎としてのコンクリート構造物をつくるもので，水平抵抗力および支持力が大きく，深い基礎でも可能である．底のない円形ま

たは長方形の断面をもつ箱の内部を掘削して,自重または載荷重により所定の深さまで沈下させ,支持層にすえ付けて基礎とする.この箱を**ケーソン**という.

ケーソンは施工方法によってオープンケーソンとニューマチックケーソンに分けられる.前者は掘削を大気圧下で行う工法であり,後者は地下水の侵入を防ぐためケーソン下部に作業室を設け,内部の気圧を高めた状態で掘削を行う工法である.

(1) オープンケーソン工法

ケーソンでは,施工時の沈下を容易にするために,一般にケーソンの下端に刃口を設けてあり,内部を掘削することによってこの刃口が地盤にくいこんでケーソンが沈下する.ケーソンの設計においては,鉛直荷重はすべて先端地盤に支持されるとするのが普通であるので,ケーソン底面は良質な支持層に確実にすえ付けることが必要である.

陸上ではケーソンは掘削・沈下・継ぎたしの作業を繰り返しながら1ロット(2〜4m)ごとに継ぎたしていく.一方,海上で防波堤や岸壁用では,底部が閉じた箱型のものをケーソンヤードで建造した後,水上を航して所定の位置に運び,内部に水を満たして水中にすえ付ける.

掘削は,クラムシェル,グラブバッケト,ガットメルなどの掘削機械か,または人力で行われる.掘削後は底コンクリートを打設し,中埋砂を入れる.

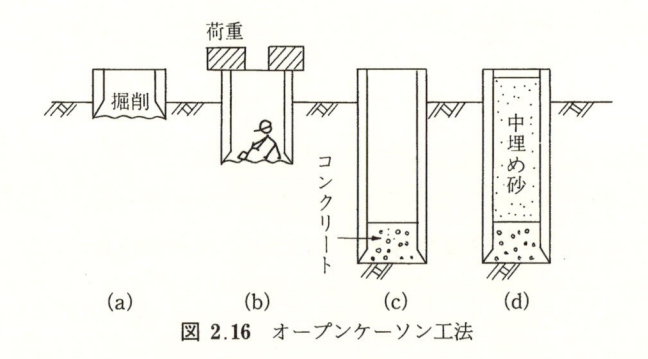

図 2.16 オープンケーソン工法

(2) ニューマチックケーソン工法

ケーソンの下部に水平床版を設けて作業室をつくり,その中に圧縮空気を送り込んで地下水の侵入を防ぎつつ,人力あるいは作業機械により掘削を行い,

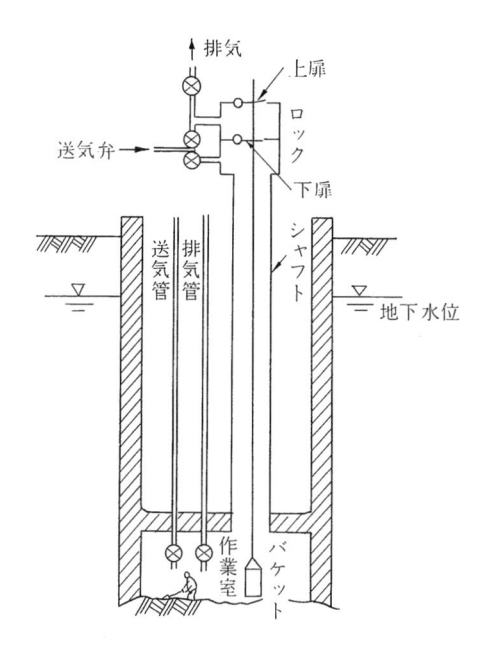

図 2.17 ニューマチックケーソン
(大原資生, 三浦哲彦, 最新土木施工, 森北出版)

沈下させるケーソンである.
① ニューマチックケーソンは気乾状態での掘削のため,オープンケーソンに比べて沈下の確実性が高く工事の工程もたてやすい.
② オープンケーソンではケーソンが傾きやすく,沈下速度の調整や傾きの修正が難しいが,ニューマチックケーソンは先掘りすることが少ないので施工精度がよい.
③ ニューマチックケーソンでは地盤の乱れが少なく,オープンケーソンに比べて大きな支持力が期待できる.
④ ニューマチックケーソンは高圧下で作業するので,労務災害に対して十分な注意を要する.
⑤ ニューマチックケーソンは,コンプレッサなどの作業機械による騒音・振動がある.

2.5 特殊基礎

2.5.1 矢板式基礎

鋼管矢板またはH型矢板を円形，小判形などの閉鎖的形状に打ち込み，フーチングによって矢板の頭部を剛結することにより，矢板全体を一体化し，大きな剛性をもった深い基礎の工法である．

この工法のなかでもよく利用される仮締切兼用方式は図2.18に示すように基礎となる．鋼管矢板井筒をそのまま水面上に立ち上げ，鋼管の継手部を止水処理して仮締切壁とし，内部が乾燥した後フーチングおよび橋脚を施工し，仮

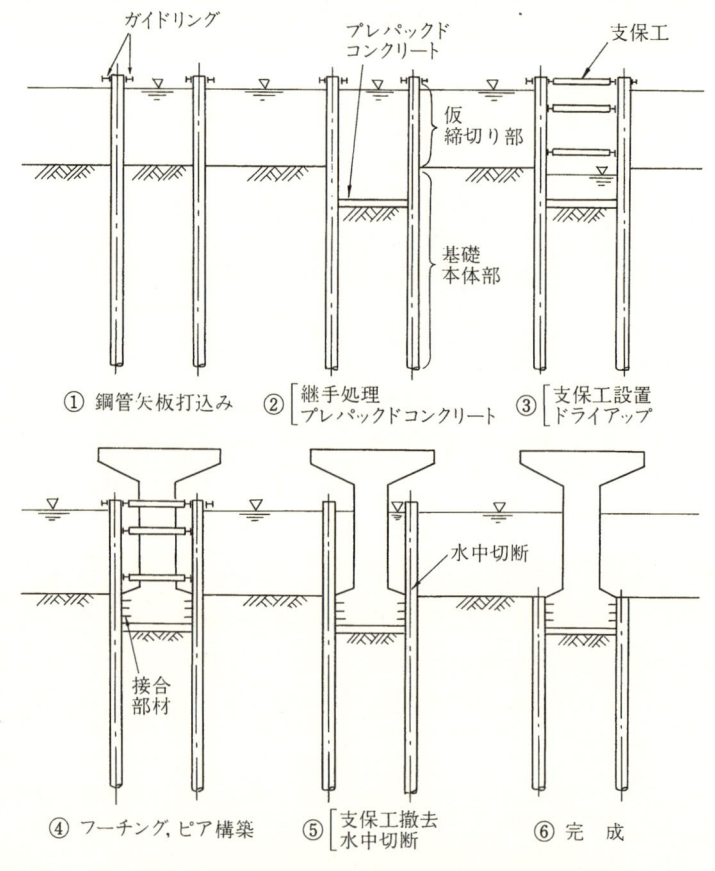

図2.18 仮締切り兼用鋼管矢板井筒の施工順序
(島田安正, 土木構造物の基礎, 鹿島出版会)

締切部分を除去するものである．

2.5.2 地下連続壁基礎

地下連続壁基礎は，地盤にコンクリート造の地中構造壁体を作り，地下構造物の建設に伴う周辺の土圧および水圧を支え，仮設の山留め壁として利用するだけでなく，本体構造物に対しても恒久的な土圧・水圧を受ける耐震壁としても使用される．

掘削方法は，
① 丸孔を連続して掘り溝をつくる．
② ある間隔をあけて丸孔を掘り，その間をクラムシェルなどで掘り溝をつくる．
③ 最初から長方形の溝を掘る．

などの方法がある．排土方法は，グラブバケットなどで落下またはくい込み方式で地上に運搬する方式と，前述したリバース工法と同様に泥水循環方式で混合土砂を排出する方法がある．

本工法の特徴は，
① 無騒音，無振動である．
② 壁体の剛性が大きい．
③ 止水性が高い．
④ 周辺地盤を乱さない．
⑤ 逆打ち工法ができる．
⑥ 施工管理が難しい．
⑦ 仮設壁としては高価になる．

などである．

利用される場所は地下鉄建設の土留壁，建築物基礎，橋の剛体基礎などである．

2.5.3 こま型基礎

こま型基礎は図2.19に示すように，構造物の基礎地盤表面にこまの形をしたコンクリートブロックを敷設する工法で，比較的新しい工法の一つである．

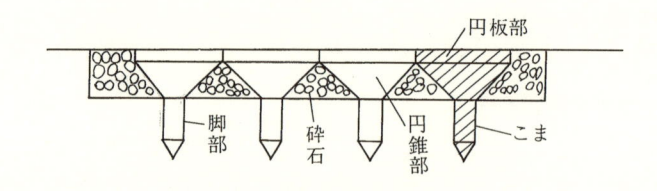

図 2.19 こま型基礎の一例

　この工法は軟弱地盤における基礎の一部として用いられ，荷重を分散して地盤に伝達する．

　こま型基礎は，陸上では軟弱地盤の沈下抑制に大きな効果を発揮し，許容支持力を大きくとることができる．この場合こま型コンクリートブロックは直径30～50 cm のものが使用される．

　また海岸においては，砂浜などで消波ブロックが波の繰返し作用で沈むことを防ぐため，消波ブロックの基礎として施工される．この場合こま型コンクリートブロックは直径2 m くらいのものが使用される．

　この工法は，軟弱地盤において構造物底面の周辺の地盤を改良して補強する場合と，等価な基礎を形成する工法であり，自然地盤の許容支持力に対して，構造物荷重がそれほど過大でない限り，種々の構造物基礎として適用でき，経済的である．

演習問題

2.1 ランキンの直接基礎の支持力公式(2.3)を導け．
2.2 マイヤーホフの杭の支持力の式(2.8)より図2.20の杭の許容支持力を求めよ．

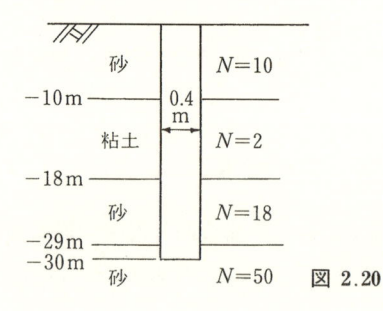

図 2.20

2.3 RC 既成杭を重量 $W_H = 14.7$ kN の重力ハンマーで落下高さ $H = 2$ m で打ち込んだ．支持力層で打撃 1 回あたりの貫入量 $S = 1.7$ cm，リバウンド量 $K = 1.0$ cm であった．効率を 0.5 として ASSHO 式(2.9)とヘイリーの式(2.12)で比較せよ．

2.4 粘性土（$\phi = 0$）の場合，チェボタリオフの直接基礎の極限支持力式(2.4)を導き，図 2.21 の許容支持力を求めよ．

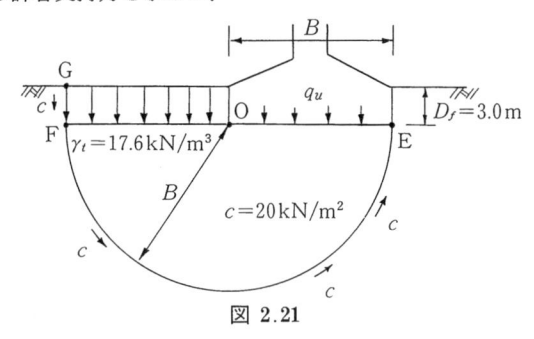

図 2.21

3章
コンクリート工

3.1 概　説

コンクリート（concrete）は，土木建築では重要な材料の一つである．1990年での国内セメント販売量は約 8 400 万トンで，コンクリート 1 m³ あたりセメント使用量を 250 kg/m³ と仮定すると，生産されるコンクリート量は 3 億 3 600 万 m³ となる．

（1）　コンクリートの特性

上述のようにコンクリートが多量に使用されるには，長所として，
① 比較的安価である．
② 耐火性である．
③ 水密性である．
④ 入手が容易である．
⑤ 耐久性がある．
⑥ 任意の形状に作製できる．
⑦ 維持管理が容易である．

などがあげられる．しかし，短所としては，
① 乾燥収縮してひび割れが生じやすい．
② 温度変化による収縮・ひび割れが生じやすい．
③ 引張強度が小さい．
④ 所要の強度に達するまで時間がかかる．

などがある．

長所を生かし，短所を克服するために新材料の開発や機械化施工が進んでいる．目的に適合したよいコンクリート構造物を設計・施工するため，土木学会

で制定した「標準示方書」がある．これには
  ① 無筋コンクリートおよび鉄筋コンクリート標準示方書
  ② 舗装コンクリート標準示方書
  ③ ダムコンクリート標準示方書
があり，①が基本となり，②および③は特殊規定となっている．

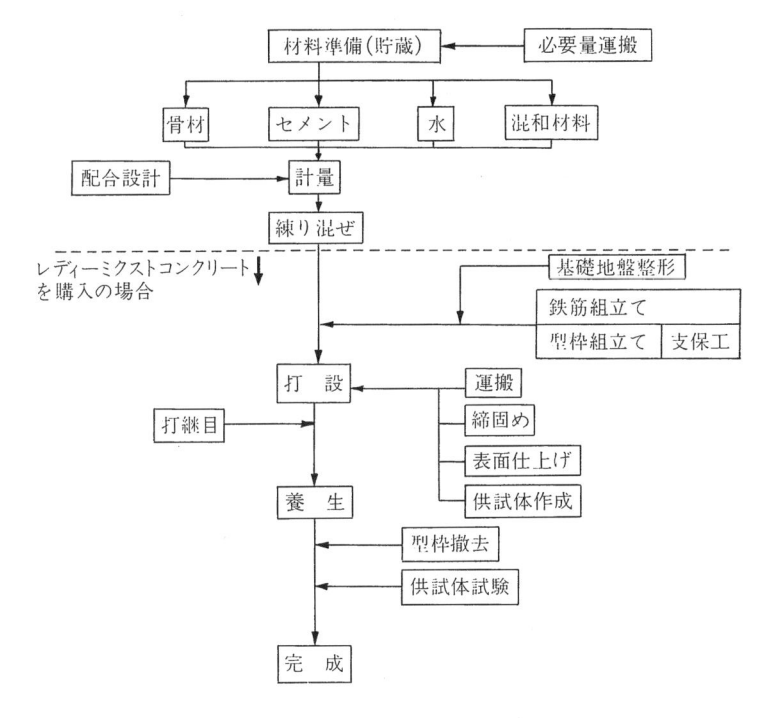

3.2 コンクリート工の順序

コンクリート工の順序を表したものが図3.1である．

```
           ┌─────────────┐      ┌─────────┐
           │ 材料準備(貯蔵) │←─────│ 必要量運搬 │
           └─────────────┘      └─────────┘
             ↓    ↓    ↓   ↓
           ┌──┐ ┌────┐ ┌──┐ ┌─────┐
           │骨材│ │セメント│ │水 │ │混和材料│
           └──┘ └────┘ └──┘ └─────┘
  ┌────┐      ↓
  │配合設計│──→│ 計量 │
  └────┘    └───┘
                ↓
             ┌─────┐
             │練り混ぜ│
             └─────┘
─ ─ ─ ─ ─ ─ ─ ─ ↓ ─ ─ ─ ─ ─ ─ ─ ┌─────────┐
レディーミクストコンクリート          │ 基礎地盤整形 │
を購入の場合                    └─────────┘
                ↓              ┌─────────┐
                │ ←─────────── │ 鉄筋組立て │
                │              └─────────┘
                │              ┌──────┬────┐
                │ ←─────────── │型枠組立て│支保工│
                │              └──────┴────┘
             ┌──┐      ┌────┐
             │打設│ ←── │ 運搬 │
             └──┘      └────┘
       ┌───┐  ↑       ┌─────┐
       │打継目│→│ ←──── │ 締固め │
       └───┘          └─────┘
                ↓       ┌──────┐
                │ ←──── │表面仕上げ│
                │       └──────┘
                │       ┌──────┐
                │ ←──── │供試体作成│
                │       └──────┘
             ┌───┐
             │養 生│
             └───┘
                ↓       ┌─────┐
                │ ←──── │型枠撤去│
                │       └─────┘
                │       ┌──────┐
                │ ←──── │供試体試験│
                │       └──────┘
             ┌───┐
             │完 成│
             └───┘
```

図 3.1 コンクリート工の順序

3.3 材　　料

3.3.1 セメント

種類

JISで規定されているセメント (cement) には，ポルトランドセメント

(portland cement），混合セメントがあり，そのほか特殊セメントがある．

　1）　普通ポルトランドセメント：もっとも広く使用されるセメントで，セメントの約75％がこのセメントである．

　2）　早強ポルトランドセメント：短期間で高い強度を発現するセメントで，たとえば普通ポルトランドセメントが材齢3日で発現する強さを材齢1日で，また，材齢7日で発現する強さを材齢3日で発現する．

　3）　中熱ポルトランドセメント：マスコンクリート（断面の厚さが1mを越えるコンクリート）用で水和熱を低くできる．また特色として

　① 短期強度が普通ポルトランドセメントより低い．

　② 乾燥収縮が小さい．

などがある．

　4）　その他：耐硫酸塩ポルトランドセメント，低アルカリ形ポルトランドセメントなどがある．

　5）　混合セメント：セメントのほかに相当量の混合材を混合したものである．

　a）　高炉セメント　　水を用いて急冷した高炉スラグを混合材として用いたセメントである．特色としては，

　① 海水に対して抵抗性が大きい．

　② 組織が密である

などがある．

　b）　シリカセメント　　シリカ質混合材を用いたセメントである．特色として，

　① 組織が密で耐久性がある．

　② 耐薬品性がある

などである．

　c）　フライアッシュセメント　　火力発電所で採集した石炭灰（セメント粒子が球形）を混合したセメントである．特色としては，

　① 流動性がよく減水できる．

　② 乾燥収縮が小さい．

などで，マスコンクリートに使用される．

6) 特殊セメント

a) 白色ポルトランドセメント　鉄分をできる限り含めないようにしたセメントで白色をしている．表面仕上げモルタルや装飾材料として使用される．

b) セメント系固化材　軟弱地盤の改良に使用されるセメントで，地盤の浅層部や深層部の改良に使用される．

c) 超速硬セメント　短時間で硬化するセメントである．制御材を添加し硬化の速さを調整する．緊急工事のほか，吹き付けコンクリートや地盤のグラウトに使用される．

d) 膨張性セメント　膨張材を混合したセメントである．乾燥収縮が小さく，地盤のグラウト工事に使用される．

e) 超微粒子セメント　普通セメントを粉砕したセメントである．短い時間で硬化し，湧水防止などに使用される．

f) アルミナセメント　石灰石とボーキサイトを原料としたセメントである．強度発現が早く，6～12時間で普通ポルトランドセメントの材齢28日強さを発現する．緊急工事，寒冷期での工事，耐火工事や化学工場で使用される．

3.3.2　水

一般には上水道水が使用されるが，そのほかの水を用いる場合は，検水を用いたモルタルの材齢7日および28日の圧縮強度が，上水道水を用いた場合の90%以上となる水を使用する．

3.3.3　骨　材

コンクリートの重量の約70%を占めるもので，現場において5 mmふるいに重量で85%以上とどまるものを**粗骨材**とよび，5 mmふるいに重量で85%以上通過するものを**細骨材**とよぶ．骨材の岩質は比重2.5以上で堅硬・密実で吸水が少なく，風化しにくいものを選ぶ．また，骨材には高炉スラグを加工したものや，人工的に焼成して軽くした**人工軽量骨材**などもある．

形状は球状または立方形に近く，粒度は大小粒径が混合しているのが適当で，有害物（軟かい石片，粘土，塩分など）がある場合は洗浄する．

(a) 砕石粗骨材　　　　　　　(b) スラグ粗骨材

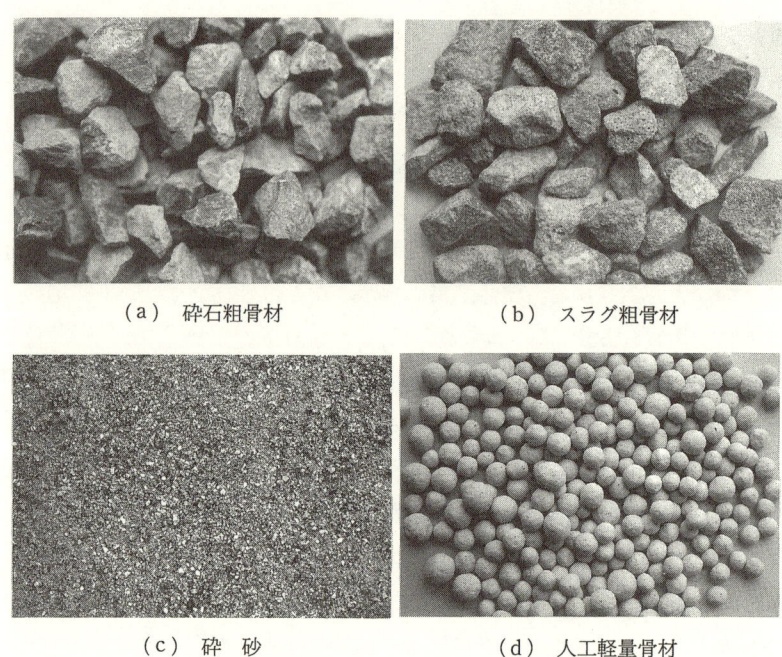

(c) 砕　砂　　　　　　　　　(d) 人工軽量骨材
図 3.2　骨材のいろいろ（セメント協会提供）

3.3.4　混和材料
(1) 混和材
コンクリートの品質を改善する目的で使用されるが，使用量が大きくコンクリートの容積に明らかに関係する．コンクリートのワーカビリチー（workability）（作業性），耐久性，水密性の改善などを目的として，フライアッシュ，高炉スラグ，膨張材等を使用する．
(2) 混和剤
コンクリートの品質を改善する目的で使用されるが，使用量が小さくコンクリートの容積に関係しない．1) 微細気泡を混入しワーカビリチーや耐久性を改善する AE 剤（air entraining agent），2) 水量を減少させる減水剤，そのほか 3) ガス発生剤，防錆剤などがある．

3.4 計　　量

各材料は1練り分ずつ重量で計量する．ただし水および混和剤溶液は容積で計量してもよい．

3.5 配合設計

コンクリートをつくるときの各材料の割合または使用量をコンクリートの**配合**とよび，原則として重量配合が用いられる．示方書では配合を表すのに，単位量すなわち，コンクリート $1\,\text{m}^3$ つくるときに用いる各材料の量を示す方法をとっている．表3.1に一例を示す．

表3.1 配合の表し方の例

粗骨材の最大寸法 [mm]	スランプの範囲 [cm]	空気量の範囲 [%]	水セメント比 W/C [%]	細骨材率 S/a [%]	単　位　量　[kg/m³]					
					水 W	セメント C	細骨材 S	粗骨材 G		混和材料
								5～10 mm	10～20 mm	混和材 / 混和剤
20	6±1.5	4±1.5	55	40	1.50	250	750	400	650	AE剤 0.08

(注) 混和剤の使用量はmlまたはgで表し，薄めたり溶かしたりしないものを示すものとする．

配合は，示方配合と現場配合に区別される．**示方配合**とは，示方書または責任技術者によって指示されたもので，細骨材は5mmふるいを全部通過するもので，粗骨材は5mmふるいに全部とどまるものを用い，骨材の含水量は表面乾燥飽和状態での配合をいい，**現場配合**とは示方配合のコンクリートになるように，現場における材料の状態および計量方法に応じて調整を行った配合をいう．

3.5.1 示方配合

(1) 粗骨材の最大寸法の選定

無筋コンクリートの場合は一般に100 mm以下で，かつ部材最小寸法の1/4以下とし，鉄筋コンクリートの場合は一般に50 mm以下で，かつ部材最小寸法の1/5以下とする．

（2） コンシステンシーの選定

フレッシュコンクリート（まだ固まらないコンクリート）の性質で，ワーカビリチーの程度を表す指標としてコンシステンシー（consistency，軟らかさの程度）が用いられる．試験方法は図3.3に示すスランプ（slump）試験（JIS A 1101）が一般的である．無筋コンクリートではスランプ値は3.5～8.0 cm，鉄筋コンクリートでは5～12.0 cmが一般である．

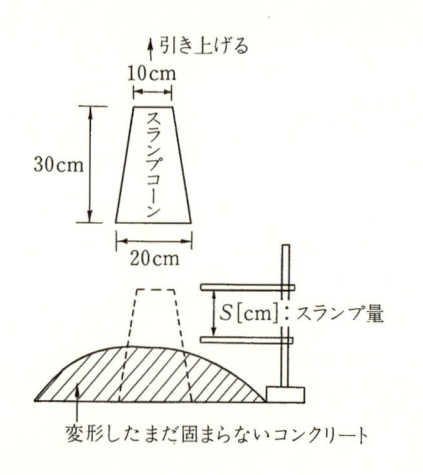

図 3.3 スランプ試験

（3） 単位水量の選定

単位水量は，作業ができる範囲内で，できるだけ少なくなるようにする．粗骨材の最大寸法，骨材の粒度および粒径，混和剤量およびコンクリートの空気量で異なるが一例として表3.2を示す．

表 3.2 単位水量の例

最大寸法 [mm]	AE剤なし [kg/m³]	AE剤使用 [kg/m³]	減水剤使用 [kg/m³]
25	175	155	145

（4） 水セメント比（W/C）の選定

コンクリートをつくる目的によって多少異なるが，以下のように決定する．

1） コンクリートの圧縮強度をもとにする場合：3種類以上のセメント水比（C/W）を用いたコンクリートの σ_{28}（材齢28日での圧縮強度）との関係より求める．

2) 試験を行わない場合

$$\sigma_{28} = -210 + 215(C/W) \tag{3.1}$$

より推定する．

3) コンクリートの耐久性をもとにする場合：AE コンクリートとし，水セメント比をできるだけ小さくする．示方書では一般に 55% 以下にすると規定されている．

4) コンクリートの水密性をもとにする場合：示方書では一般に 55% 以下にすると規定されている．

(5) 単位セメント量の選定

一般に単位セメント量の選定は，単位水量と水セメント比から決定するが，鉄筋コンクリートの場合，強度だけでなく鉄筋の防錆，鉄筋とコンクリートの付着より単位セメント量は 300 kg 以下とするのが望ましい．

(6) 細骨材率の選定（$S/(S+G)$）

骨材全体の中で細骨材の割合を細骨材率とよぶ．一般に細骨材率を小さくすると，所要のコンシステンシーのコンクリートを得るために必要な単位水量が減り，したがって単位セメント量が小さくなり経済的になる．しかし，小さすぎるとコンクリートが荒々しくなり材料が分離しやすくなる．

(7) 空気量および混和材料の単位量の選定

AE コンクリートの空気量は粗骨材の最大寸法に応じて，コンクリート容積の 3〜6% 程度とする．空気量の試験には，重量方法（JIS A 1116），容積法（JIS A 1118）および圧力方法（JIS A 1128）（図 3.4）のいずれによってもよい．圧力方法では作動弁を開いて，コンクリートに圧力を加え圧力の減少によって測定する．

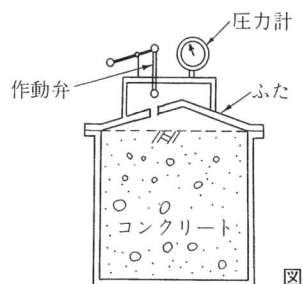

図 3.4 空気量の測定装置

3.5.2 現場配合

示方配合になるように，現場における材料の状態および計量方法に応じて補正を行う．

（1） 細骨材量と粗骨材量の補正

細骨材の中に5mm以上が a [%]，粗骨材の中に5mm以下が b [%] 含まれていて，示方配合の単位細骨材量を S，単位粗骨材量を G とすると，計量するコンクリート $1\,\mathrm{m}^3$ あたりの細骨材量 x および粗骨材量 y は次式になる．

$$x = \frac{100S - b(S+G)}{100 - (a+b)} \tag{3.2}$$

$$y = \frac{100G - a(S+G)}{100 - (a+b)} \quad \text{または} \quad y = S + G - x \tag{3.3}$$

（2） 骨材の表面水による補正

示方配合では，骨材の表面水は図3.5に示すように表面乾燥飽和状態を基準としている．

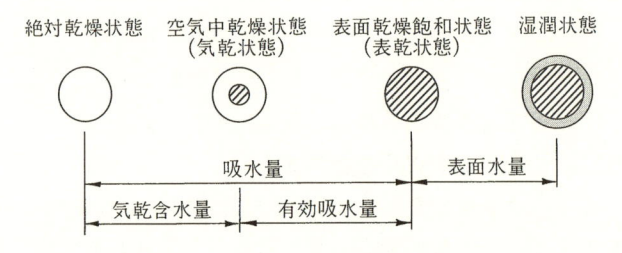

図3.5　骨材の含水状態

したがって，現場において表面乾燥飽和状態（表乾状態ともいう）以外の場合は，単位水量および粗骨材量を補正する．

細骨材の表面水量を a [%]，示方配合の表乾状態の細骨材量を S，単位水量を W とするとき，実際に計量すべき細骨材量と使用水量をそれぞれ S' および W' とすると

$$S' = S + S\frac{a}{100} \tag{3.4}$$

$$W' = W - (S' - S) \tag{3.5}$$

粗骨材も気乾状態の場合（または吸水率 b [%]，含水率 c [%]，有効水量

d [%]) 表乾状態の粗骨材量を G, 計量すべき粗骨材量および使用水量 G' および W'' は，次式となる．

$$G' = G \frac{(1 + c/100)}{(1 + b/100)} \quad \text{または} \quad G' = G + G \frac{d}{100} \tag{3.6}$$

$$W'' = W + (G - G') \tag{3.7}$$

3.6 練り混ぜ

よいコンクリートをつくるには，すべての材料を均一になるまでよく練り混ぜることが必要である．特にセメントペーストを骨材のすべての表面に付着さ

（a）重力式ミキサー　　　　（b）強制練りミキサー（パン型）

（c）強制練りミキサー（パグミル型）　　（d）コンチニュアスミキサー

図 3.6　各種のミキサー（セメント協会提供）

図 3.7　ミキサーの種類

せる必要がある．練り混ぜるためのミキサー（mixer）の種類は図3.6および図3.7のとおりである．

3.7 運　搬

コンクリートを練り混ぜ場所から打設場所まで運搬するには運搬中におけるコンクリート材料の分離，スランプの減少を少なくする方法で運搬することが必要である．運搬方法は運搬距離や運搬量により異なるので，表3.3を参考にして選定する．

3.8 打 込 み

（1） コンクリートの打込み

コンクリートの打込みを行う前に，輸送装置の内面に付いている固まったモルタル，コンクリート，その他を除去し，混入しないようにする．型枠内にコンクリートを打つには，

（i）　型枠や鉄筋の位置・寸法・堅固さを検査をする．
（ii）　打つ場所を清掃し，すべての雑物を除き，せき板（直接コンクリートに接する板）を十分に濡らす．

コンクリートが運搬されてきたならば，ただちに打ち込むことがたいせつである．コンクリートを練り混ぜてから打ち終わるまでの時間は，気候が温暖で乾燥している場合で1時間，低温で湿潤な場合でも2時間を超えないようにする．この間コンクリートは水を加えることなく適宜練り直しておく．打込みの際における注意事項は以下のようになる．

① 　型枠になるべく均等な荷重がかかるようにする．
② 　締固めを行うため適当な層厚（40 cm 以下）とする．
③ 　2層に分けて打ち込む必要があるときは，下層コンクリートが硬化し始める前に，上層コンクリートを打ち込む．
④ 　傾斜面に打ち込む場合は，低いほうから打ち込む．
⑤ 　同一区画のコンクリートは水平に，かつ打込みが完了するまで連続に打ち込む．
⑥ 　広い場所では順序よく打ち込む．

表 3.3 コンクリート運搬機械一覧表

機器名称	運搬距離 [m]	動力	運搬量 [m³]	適用範囲	備考
ショベル	2.5	人力	小量	石積みなどの小規模の場合	運搬距離が長いと材料に分離を起こす
手押し車 1輪車	10〜100	人力	0.05〜0.06	小さい橋, 建築物, 人道などの工事	ふみ板を設けて振動などを少なくする必要あり
手押し車 2輪車	10〜100	人力	0.15〜0.2		
ダンプトラック	50〜3 000	機関	1〜3	飛行場・道路などの広い範囲	コンクリートの分離が起こりやすくなる. AE剤を混入すること
アジテータトラック	1 000〜20 000	機関	1〜4.5	建築・都市土木・中央混合方式で遠方に運搬の場合	コンクリートが軟練りの場合によい
トンネルアジテータ	10〜5 000	機関・車軸チェーン	1〜3	トンネル工事用	トラックと同様
コンクリートバケット	10〜5 000	クレーン・トラック	0.13〜9	長距離輸送用・ダムコンクリート・橋・マスコンクリートなど	硬練り粗骨材寸法の大きいものによい
ベルトコンベヤ	5〜500	電動機・機関	10〜100 m³/h	硬練りコンクリート・多量短距離	材料の分離の傾向, モルタル付着の傾向あり
チェーンコンベヤ	5〜50 45°までの勾配を有する場合	電動機・機関	5〜50 m³/h	高所に輸送する場合	
シュート	垂直および27°以上の勾配を有する場合	重力	10〜100 m³/h	建築工事, 塔など	材料の分離を生ずる軟練りコンクリート
コンクリートポンプ	水平300 (max) 垂直 40 (max)	機関	10〜30 m³/h	トンネル巻立て・建築工事	軟練りコンクリート
コンクリートプレーサ	水平100 (max) 垂直 50 (max)	空気	10〜20 m³/h	トンネル巻立て・建築工事	骨材最大径40 mm
コンクリートタワー	垂直 70 (max)	電動機	0.6 m³/h	高所に輸送する場合, 特に建築工事に使用	軟練りコンクリート

(矢野信太郎, 土木施工概論, 技報堂)

⑦ コンクリートはできるだけ鉛直に落とし，落下高さは 1.5 m 以下とすること．その場合シュート，ホッパーなどを用いる．

⑧ 斜めシュートは材料の分離を起こすので，ますで受け練り直して打ち込む．

(2) コンクリートポンプによる施工

コンクリート工事における施工の合理化，省力化の目的でポンプと輸送管を用いて，コンクリートを圧力で送る方法が広く利用されるようになった．コンクリートポンプ (corcrete pump) は工事に見あった機種を選ぶことがたいせつである．コンクリートポンプは二つの型式に分けられる．すなわち，図 3.8 に示すプランジャー (plunger) 式とスクイズ (squeeze) 式などである．

これらのコンクリートポンプの性能は，一般に用いられる口径 7.5 cm のポンプで，最大圧送距離は水平で 300 m，垂直で 35 m 程度である．コンクリー

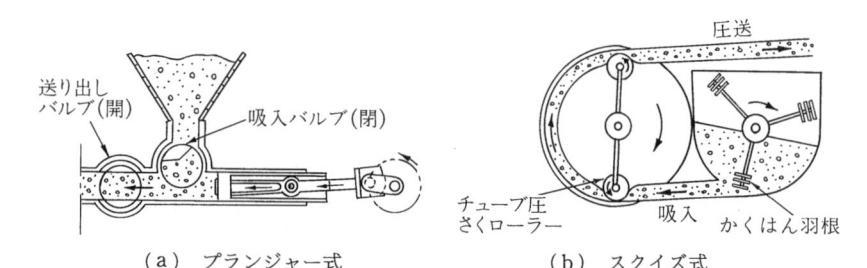

(a) プランジャー式　　　(b) スクイズ式

図 3.8　コンクリートポンプ
(大原資生，三浦哲彦，最新土木施工，森北出版)

図 3.9　コンクリートポンプによるコンクリート打設
(セメント協会提供)

トポンプ使用上の注意点は以下のようになる．
① 輸送管を曲げた場合，その摩擦による損失が生じ圧送距離が短くなる．
② 中継ポンプを中間におくことにより圧送距離を伸ばすことができるが，コンクリートが分離しやすいのでアジテータをおいて再練り混ぜを行う．
③ ポンプにより圧送可能なコンクリートのスランプは6～20 cmであるが，効率をよくするには8～15 cm程度とする．

3.9 締固め

打込み中および直後に，十分な締固めにより，整粒をなし，空隙のない堅硬なコンクリートが得られ，かつ鉄筋を包み型枠の隅々まで十分にコンクリートがいきわたるように締固めを行う．コンクリートの締固めには振動機が用いられる．コンクリート振動機には次のようなものがある．

(1) 内部振動機

コンクリートの中に直接そう入して締め固めるもので，一般に円形断面で棒状である．振動数は 7 000 min^{-1} 以上が望ましい．

(2) 表面振動機

コンクリート舗装のように薄くて広がりのある場合には，表面振動機で締め固める．一般に舗装機に組み込まれている．

(3) 型枠振動機

構造上内部振動機を使用することが困難な場合は型枠に取り付け，型枠の外部から振動を与えて締固めを行う．

締固めを行うにあたり注意することは次のとおりである．
① 60 cm以下の間隔で鉛直に振動棒を差し込み，あとに穴が残らないようにゆっくりと引き抜く．
② 締固めの程度は，コンクリートの沈下がなくなり，モルタルが表面に浮き，コンクリートとせき板の間にセメントペーストの線が現れるまで行う．
③ 何層かに分けて打ち込む場合には，下層の10 cm程度まで差し込む．

3.10 打継ぎ目

コンクリートは一般に連続して打ち込むことが望ましいが，次のような理由

で不可能な場合がある．

1）労務管理上からの労働時間の制限，2）型枠の経済性，3）鉄筋の組立作業，4）コンクリートの温度上昇の緩和，5）温度の変化，6）基礎の不等沈下，7）振動によるひび割れ防止

このような場合はいくつかの区画に分けて打ち込む必要がある．この区画の境界面では硬化したコンクリート面に新しいコンクリートを打ち継ぐことになり打継ぎ目が生じる．打継ぎ目の施工をおろそかにすると，構造物の強度上の弱点になったり漏水の原因になる．打継ぎ目には水平打継ぎ目と鉛直打継ぎ目がある．またコンクリートは1℃の温度変化で1/10万の比率で伸縮するので，延長の長いコンクリート構造物を施工する場合は，伸縮継目を設ける必要がある．

打継ぎ目を設ける場合の注意としては以下のようになる．

① 硬化したコンクリート面と水または圧縮空気で緩んだ骨材粒，品質の悪いコンクリート，レイタンス（laitance）（表面に浮かび出て沈澱した物質）などを完全に取り除き，表面を粗くして十分に吸水させる．

② モルタルを塗り，ただちにコンクリートを打込み，新旧コンクリートが密着するように締固める．

③ あらかじめ，旧コンクリートに鉄筋を差し込んでおき，新旧コンクリー

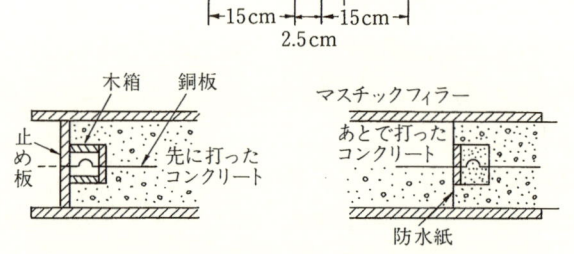

（注）マスチックフィラーは，アスファルトまたはコールタールピッチと，砂とセメントまたは石灰石粉末とを混ぜた充填材である．

図 3.10 伸縮継目の構造

トを結合させる．

3.11 表面仕上げ
（1）せき板に接する面

せき板に接する面が露出面となるコンクリートは，完全なモルタル表面が得られるように，スページング（spading）（図3.11）を行う．コンクリート表面にできた突起・すじなどは取り除く．ジャンカ（砂利などが集積してできた不完全な部分）は水で濡らしたあと，モルタルでパッチング（patching，モル

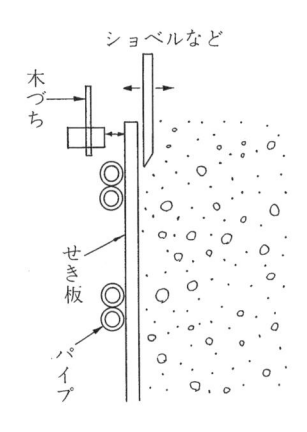

図 3.11 スページングの方法

タルで凸凹を修正すること）を行う．

（2）せき板に接しない面

せき板に接しないコンクリートの上面は，水が浮き出ていればこれを取り除いてから，こてまたは仕上げ機械を用いて行う．仕上げを過度に行うと表面にセメントペーストが集まって収縮ひび割れを生じたり，表面にレイタンスができやすい．

（3）すり減りを設ける面

道路や床面などのように，すり減りを受ける面は，水セメント比およびスランプの小さい配合とし，締固めを十分に行って仕上げる．

3.12 養　　生

セメントに水を加えてよく練り混ぜて放置しておくと，初期には外力を加え

れば変形するが，時間が経過すると変形しなくなる．最初に変形できたときから，しだいに変形できなくなる過程を**凝結**とよぶ．さらに時間が経過すると，コンクリートは強固なものになる．この過程を**硬化**とよぶ．この「凝結」から「硬化」の過程で必要な温度と十分な湿度を保ち，十分な水和反応を行わせて，荷重・衝撃等の有害な影響からコンクリートを保護することを**養生**とよぶ．特に初期の養生がたいせつで，十分に行ったかそうでないかが構造物の耐久性に関係する．図3.12に養生の種類を示す．

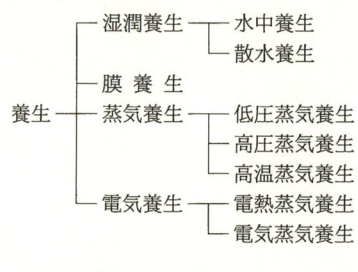

```
           ┌─ 湿潤養生 ─┬─ 水中養生
           │            └─ 散水養生
           ├─ 膜養生
   養生 ───┼─ 蒸気養生 ─┬─ 低圧蒸気養生
           │            ├─ 高圧蒸気養生
           │            └─ 高温蒸気養生
           └─ 電気養生 ─┬─ 電熱蒸気養生
                        └─ 電気蒸気養生
```

図 3.12 養 生

（1） 湿潤養生

コンクリートが露出した面では，直射日光・風・雪・霜などによってコンクリート中の水分が蒸発したり凍ったりしないように，その表面をシート (sheet) や養生マット (mat) などを置いて硬化するまで保護する．硬化した後は，水中に浸す水中養生，ホースなどによってときどき散水する散水養生，むしろ・布・砂など濡らしたもので表面をおおう方法がある．養生期間は，普通ポルトランドセメントを用いた場合で5日間，早強ポルトランドセメントを用いた場合で3日間以上とされている．せき板と接する面の養生は，せき板が乾燥する場合は，せき板にも散水する．

（2） 膜養生

膜養生は湿潤養生ができない場合に，コンクリートの露出面に養生剤を散布して膜をつくり，これによって水分を保ち養生を行うものである．養生剤には瀝青質混合物や樹脂系・油脂系の材料を溶剤で溶かしたものと，乳剤としたものがある．

（3） 蒸気養生

この方法はコンクリートの二次製品であるブロック・管・杭などのプレキャスト製品の製造や，寒中コンクリートの施工に用いられる．高温または高圧の蒸気養生を行うと，短期間に大きな強度が得られ，型枠を早くはずすことができ経済的となる．

（4） 電気養生

被覆したニクロム線などに電流を通じて給熱・保温する電熱養生と，コンクリートに 100～200 V の電流を通じ，コンクリートの電気抵抗による発熱を利用して給熱・保温する電気養生がある．

3.13　型枠および支保工

型枠と支保工はコンクリートが十分に硬化するまでに使用する仮設物である．型枠・支保工に作用する荷重，組立，取りはずしに対する知識，経験が必要である．型枠の種類は，1) 木製，2) 合板製，3) 鋼製，4) プラスチック製がある．

（1） 木　製

マツまたはスギ材でつくられ，原価が安いこと，軽いこと，細工が自由などの利点があるが，転用回数が少ない欠点がある．

（2） 合板製

大きさは 180 cm×60 cm（定尺パネル）である．コンクリートと接するせき板として用いられる．

（3） 鋼　製

最も多く用いられ，その利点および欠点は以下のようになる．

① 仕上り寸法が正確で，平滑なコンクリートが得られる．
② 組立，取りはずしが容易である．
③ 転用回数が多い．欠点としては高価である．
④ 加工がしにくい．

などがある．

（4） プラスチック製

最近多く使用される．利点は鋼製の特色に軽量であること，さびや腐食しないことが加わる．

3.14 型枠の設計

(1) 型枠の設計における荷重

型枠の設計における荷重として，コンクリートの重量，作業荷重，打込み時の衝撃，コンクリートの側圧などがある．

1) 床版および梁の底型枠に対して

コンクリート重量 23.5 kN/m³，作業荷重 2.94 kN/m²

2) 柱の側型枠に対して

$$P_{max} = \left(0.8 + \frac{80R}{T+20}\right) \times 9.8 \leq 147 \text{ kN/m}^2 \tag{3.8}$$

または $= 23.5\,H$

3) 壁の側型枠に対して

$R \leq 2$ m/h のとき

$$P_{max} = \left(0.8 + \frac{80R}{T+20}\right) \times 9.8 \leq 98 \text{ kN/m}^2 \tag{3.9}$$

または $= 23.5\,H$

$R > 2$ m/h のとき

$$P_{max} = \left(0.8 + \frac{120+25R}{T+20}\right) \times 9.8 \leq 98 \text{ kN/m}^2 \tag{3.10}$$

または $= 23.5\,H$

ここに，P_{max}：最大側圧 [kN/m²]，R：打上がり速度 [m/h]，T：型枠内のコンクリート温度 [°C]，H：考えているより上のフレッシュコンクリートの高さ [m]

> **例題 3.1** 高さ 4.0 m の壁をコンクリートで打ち込む場合に，せき板に作用するコンクリートの側圧分布，合力およびその作用位置を求めよ．ただし，打込み速度は 2.0 m/h，コンクリートの温度は 20°C，単位体積重量は 23.5 kN/m³ とする．

[解] 題意から $R = 2.9$ m/h，$T = 20$ °C を式 (3.8) に代入すると，

$$P_{max} = \left(0.8 + \frac{80 \times 2}{20+20}\right) \times 9.8 = 47 \text{ kN/m}^2$$

コンクリートの側圧分布は図 3.13 のように ABDC の台形になる．三角形分布

ABE 上で P_{max} になる位置は $\overline{CC'}$ となる．したがって，台形の折れる位置 C までの深さ $\overline{AC'} = x$ とすると台形分布を三角形 $\triangle AC'C$ と直方形 $C'BDC$ に分けて計算する．

$$x = 47/23.5 = 2.0 \text{ m}$$

上部 2 m の三角形部分に作用する合力 P_1 は

$$P_1 = \left(\frac{47 \times 2}{2}\right) = 47 \text{ kN/m}^2$$

下部 2 m の直方形部分に作用する合力 P_2 は

$$P_2 = 47 \times 2 = 94 \text{ kN/m}^2$$

したがって，全体の合力 P は

$$\therefore P = 47 + 94 = 141 \text{ kN/m}^2$$

三角形 $\triangle AC'C$ の合力 P_1 までの高さは $h_1 = \left(2.0 + \dfrac{2.0}{3}\right)$ m，直方形 $C'BDC$ の合力 P_2 までの高さは $h_2 = \dfrac{2.0}{2} = 1.0$ m であるので，点 B 回りのモーメントを考えると，全体の合力 P までの高さ h は

$$h = \frac{P_1\left(2 + \dfrac{2}{3}\right) + 94 \times 1}{P} = \frac{125.3 + 94}{141}$$

$$\fallingdotseq 1.56 \text{ m}$$

となる．

（2）型枠の組立

型枠は，ボルト・棒鋼によって締め付け，角材（さん木）・軽量形鋼によっ

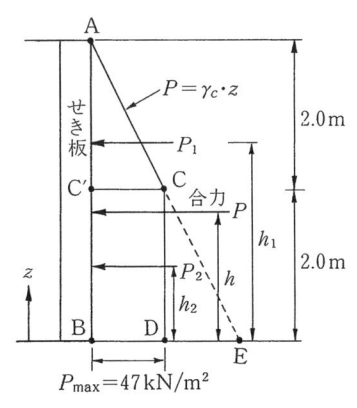

図 3.13 フレッシュコンクリートの側圧と分布の形

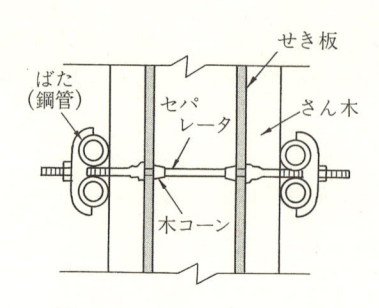

図 3.14 フォームタイの一例

て連結する．型枠相互の間隔を正しく保つために，図 3.14 に示すようなフォームタイ (form tie) が広く使用される．ボルトや棒鋼は型枠を取りはずした後，コンクリート表面から 2.5 cm の深さまで取り除き，その後はモルタルで埋め戻しておく．せき板内面には，コンクリート打込み前に，はく離剤を塗っておく．木製せき板では水で濡らすだけでよい．

3.15 支保工

型枠の位置を正確に保つために，支柱・脚柱・筋かいなどを組立てることを**支保工**という．十分に安全なものでなくてはならない．一般に鋼製支保工が用いられる．図 3.15 に一例を示す．

支保工において注意することは，設計荷重・許容応力・変位量である．荷重

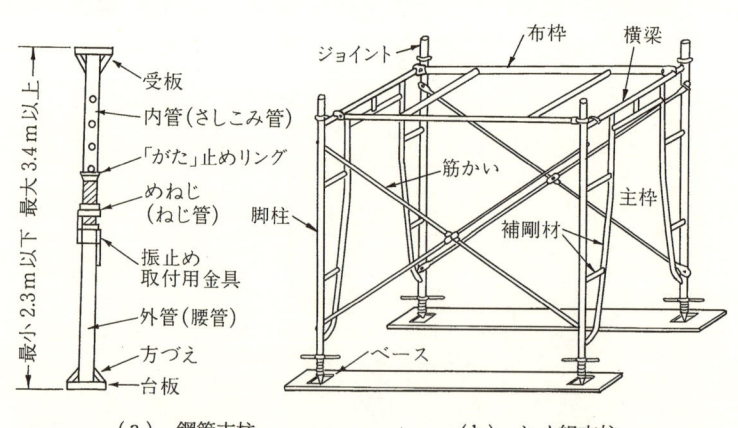

(a) 鋼管支柱　　　　　(b) わく組支柱
図 3.15　鋼製支保工の例（大原資生，三浦哲彦，最新土木施工，森北出版）

表 3.4 寒中コンクリートの養生日数の目安（養生温度 10°C）

断面／セメントの種類／構造物の露出状態	普通の場合 普通ポルトランド	普通の場合 早強ポルトランド，普通ポルトランド＋促進剤	超早強ポルトランド
(1) 連続して，あるいはしばしば水で飽和される部分	7日	4日	2日
(2) 普通の露出状態にあり，(1) に属さない部分	3日	2日	1日

(注) $W/C = 55\%$ の場合の標準を示し，W/C がこれと異なる場合は適宜増減する．

は鉛直荷重・水平荷重・風荷重・コンクリートの側圧などを考慮する．許容応力は鋼材の破壊荷重に対して2以上の安全率をとる．変位量はスパン中央部において 1/200 以下とする．また，コンクリート打込み時にはその重量によって地盤が沈下する可能性があるので，その場合は上げごし（予想される沈下量だけ高くしておく）をしておく．

型枠および支保工は，コンクリートが自重および施工中に加わる荷重などに十分耐える強度に達したならば，荷重の小さい部分から行うスラブやはりなどの水平部材の型枠・支保工は，壁などの鉛直部材の型枠・支保工よりも長期間残しておく必要がある．

3.16　特殊コンクリート

（1）　レディーミクストコンクリート（ready mixed concrete，生コン）

生コンクリートは，コンクリートの製造設備をもつ工場でつくられたフレッシュコンクリート（まだ固まらないコンクリート）のことで，標準品と特注品がある．購入者は生産者と，1) セメントの種類，2) 骨材の種類，3) 粗骨材の最大寸法，4) 呼び強度とスランプの組み合わせ，5) 軽量コンクリートの場合はコンクリートの単位体積重量，6) コンクリートの最高または最低温度，7) 呼び強度と保証する材齢，8) 混和材料の種類，9) 空気量，10) その他必要な事項等を協議して注文する．

（2）　暑中コンクリート

月平均気温が 25°C を超える時期には暑中コンクリートとして施工すること

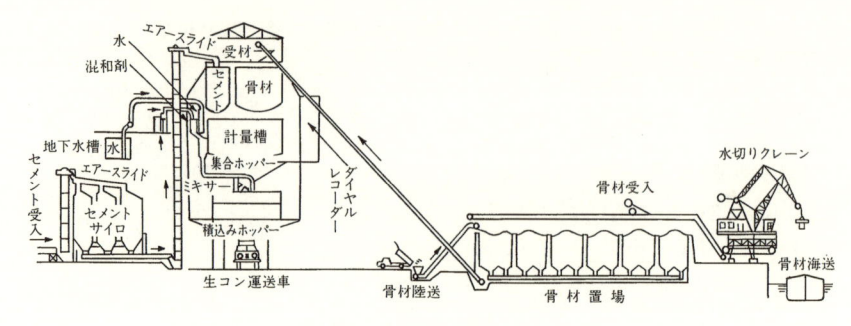

図 3.16 生コン工場の一例
（セメント協会，セメントの常識）

が望ましい．暑中コンクリートの打込みを行った場合には，次のような問題が生じる．

（i） 高温になると凝結・硬化速度が早くなるため，スランプが低下し，打込み，締固め，表面仕上げが困難になる．

（ii） 高温時に打ち込まれたコンクリートは水分の蒸発が多いため，湿潤養生が不十分になりやすく，長期材齢の強度が出にくい．またひび割れが発生しやすい．

これらの対策としては以下のようになる．

① 十分な湿潤養生を24時間以上行う．
② 骨材は直射日光を避けるか散水（できれば冷水で）する．
③ 練り混ぜ水も冷水か氷を使用する．
④ 打込みは練り混ぜてから1時間以内に完了する．
⑤ そのほか，ミキサーの温度や練り混ぜ時間も注意する．

（3） 寒中コンクリート

4℃以下でコンクリートを施工する場合を寒中コンクリートとして施工することが望ましい．寒中にコンクリートの打込みを行った場合には，次のような問題が生じる．

（i） フレッシュコンクリート（まだ固まらないコンクリート）は約−3℃で凍結する．

（ii） 凍結すればコンクリートの水分が膨張し，多孔質なコンクリートとな

り強度が低下する．

これらの対策としては以下のようになる．

① コンクリートの打込み温度をできるだけ高くする．
② 打込み後，初期のコンクリートの凍害を防止する．適当な保温・加熱によってコンクリートの冷却をおさえる．初期養生としては，1) 気温があまり低くならない場合は，断熱材やシートなどで保護する．2) 気温が低くなる場合は型枠の外周をシートなどでおおい，その間に熱風や蒸気などを送る．3) 電気養生などの内部給熱養生を行う．
③ 早期に強度を発現させるため，早強セメント，AE剤，促進剤（塩化カルシウム）を用いる．

（4） 水中コンクリート

水中の橋脚基礎，護岸，防波堤など，水中でコンクリートを施工する場合を水中コンクリートといい，これの施工には次の問題点が生じる．

（i） 材料が分離しやすい．したがって，骨材だけの層やレイタンスの塊が多い．
（ii） 打ち継ぐ場合，コンクリート表面にレイタンス層ができ，新しいコンクリートの間に弱点ができやすい．打込みはトレミー管とコンクリートポンプで行う．

これらの対策としては以下のようになる．

① 水の中でも材料が分離しにくい混和剤（軟粘剤）を添加する．
② コンクリートは，上面をできるだけ水平に保ちながら，水面上に達するまで打つ．

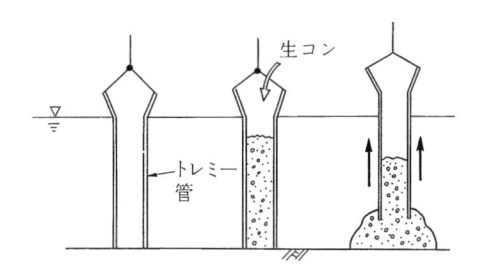

図 3.17 トレミー管によるコンクリート打設

③ 1区画のコンクリートを打ち終えると、レイタンスを完全に取り除いてから、その後の作業を行う。
④ トレミー管は打込み中つねにコンクリートで満たし、管の下端はコンクリートの中に 30 cm ぐらい入れておく。
⑤ コンクリートのスランプは 13〜18 cm とする。

（5） 水密コンクリート

地下構造物、ダム、水路、水そうなど、水密性を必要とする場合のコンクリートをいう。水密コンクリートを施工する際の注意すべきことは、以下のようになる。

（ⅰ） コンクリート自体を水密性の高いものにすること。そのためには、水セメント比は 55% 以下にし、スランプは 8 cm 以下とする。
（ⅱ） 防水剤として消石灰・火山灰・粘土・けいそう（珪藻）土・けい酸白土などがあるが、効果を確かめてから施工する。
（ⅲ） 打継ぎ目はできるだけ避けるようにし、旧コンクリートの悪い部分は取り除いたり止水板をおいて、新旧コンクリートを密着させる。
（ⅳ） 特殊な防水剤（セメントペースト、モルタル、アスファルト、コールタールピッチ、パラフィン、ペイント、セメントペイント）をコンクリートの表面に塗布して防水する。

（6） プレパックドコンクリート

ダム、橋脚、河川の護岸、港湾の岸壁、防波堤などの水中コンクリート工事、建築物の基礎工事などに用いられる工法で打ち込まれるコンクリートである。
型枠の中に適当な粒度の粗骨材を詰め、その空隙に特殊なモルタル（普通ポルトランドセメント、砂、フライアッシュ、アルミニウム粉末、材料が分離しにくくしたもの）をコンクリートポンプで注入したコンクリートである。

（7） マスコンクリート

コンクリートダムを除いて、橋台や擁壁など、その断面の厚さが 1.0 m を超えるコンクリートを施工する場合をマスコンクリートという。施工する際の注意することは、以下のようになる。

① 水和熱による温度上昇をできるだけ少なくするために、単位セメント量を少なくする。

3.16 特殊コンクリート　83

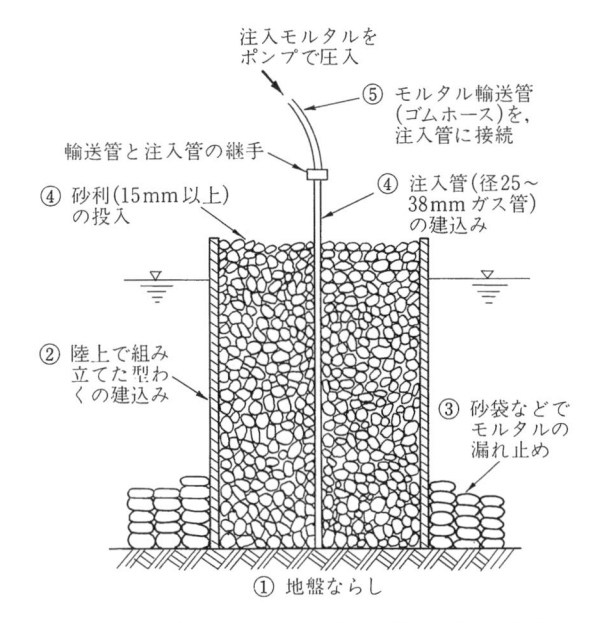

```
         注入モルタルを
         ポンプで圧入
                    ⑤ モルタル輸送管
                      （ゴムホース）を，
                      注入管に接続
  輸送管と注入管の継手
④ 砂利(15mm以上)      ④ 注入管(径25～
  の投入              38mmガス管)
                    の建込み

② 陸上で組み
  立てた型わ
  くの建込み          ③ 砂袋などで
                    モルタルの
                    漏れ止め

           ① 地盤ならし
```

図 3.18　プレパックドコンクリートの施工（数字は施工の順序を示す）
（大原資生，三浦哲彦，最新土木施工，森北出版）

② 中庸熱ポルトランドセメントや混合セメントを用いる．
③ コンクリートの打ち込みは 25℃ 以下で行う．やむをえない場合は，パイプクーリングなどの方法で温度上昇をおさえて作業する．

(8) 軽量コンクリート

コンクリートの自重が大きい（約 $23.5\,\mathrm{kN/m^3}$）欠点を改良剤と混合して自重を小さくしたコンクリートである．軽量コンクリートには次のようなものがある．

① 骨材の全部または一部に人工軽量骨材を用いたコンクリートで，全部にこれを使用すると自重は約 $16.7\,\mathrm{kN/m^3}$ になる．
② 人工軽量骨材や発泡剤などを用いて，気泡を大量に取り込んだコンクリートを高温・高圧のもとで養生したコンクリートで自重は約 $5.9\,\mathrm{kN/m^3}$ になる．

(9) 流動化コンクリート

コンクリートに流動化剤を添加して流動性を高めたコンクリートである．同

じ水量でコンクリートの品質を低下させることなく高い流動性が得られる．地中埋設管の埋戻しや地中内空洞の充塡として利用され，ポンプなどによる流し込み施工が可能で，締固めが不要である．

(10) ポリマーコンクリート

有機高分子材料を用いたコンクリートである．ポリマーコンクリートには次のようなものがある．

1) ポリマーセメントコンクリート：セメントにラッテクス，エマルジョン熱硬化性ポリマー，歴青材などを添加したコンクリートで，引張強度，接着性が高くなる．

2) ポリマー含浸コンクリート：硬化したコンクリートの空隙にモノマー，プレポリマーを浸み込ませたコンクリートである．耐薬品性や水密性が向上する．

(11) 繊維補強コンクリート

各種の繊維で補強したコンクリートで，補強の仕方は，短繊維を練り混ぜたり吹き付けたりして一様に分散させる方法と，長繊維を心材に巻き付ける方法や，鉄筋のように格子状に組んでおく方法がある．

繊維には鋼繊維，ガラス繊維，炭素繊維，アラミド繊維などがある．吹き付け被覆，舗装，ビルディングのカーテンウォールなどに使われる．

(12) 遮へいコンクリート

磁鉄鉱のような比重が非常に重い骨材を使って放射線，音などの遮へい効果を高めたコンクリートで，自重は約 $36\ \mathrm{kN/m^3}$ になる．原子力発電所，医療施設などの構造物に使用される．

(13) 転圧コンクリート

超硬練りのコンクリートを振動ローラで転圧・締め固めたコンクリートである．次のような種類がある．

1) RCD 工法 (roller compacted dam)：日本で開発されたものでセメント量を少なくし，スランプを 0 にしたコンクリートを振動ローラーで転圧・締固め，ダムを築く．特色は，1) 施工の機械率を高めて合理化を図る．2) 工期の短縮，3) 工費の低減などがあげられる．

2) RCCP 工法 (roller compacted concrete pavement)：著しく水量を少

なくした超硬練りコンクリートを路盤上に敷きならし，ローラーで転圧・締め固める舗装工法である．特色は，1) アスファルト舗装用機械で施工ができる．2) 施工後早期に交通開放ができる．3) 工費の低減，などがあげられる．

図 3.19 RCCP 工法
（セメント協会提供）

(14) プレストレストコンクリート（prestressed concrete）
コンクリートの引張強度は，圧縮強度の約 1/10 程度にすぎない．この欠点を補うためにコンクリートの引張り側に鉄筋を挿入したものが鉄筋コンクリートである．この鉄筋の代わりに高強度の PC 鋼材（prestressing steel）を用い，これによってあらかじめコンクリートに圧縮応力を与えておき，荷重の作用で生じた引張応力を打ち消すようにしたものをプレストレストコンクリートという．プレストレストの加え方には，プレテンション方式とポストテンション方式がある．

1) プレテンション方式（pretension method）：おもに工場でつくられるコンクリート製品に用いられる方法である．まず PC 鋼材を緊張しておき，コンクリートを打込み・養生する．コンクリートの硬化後に PC 鋼材の引張力を開放し，コンクリートと PC 鋼材の付着力によりコンクリートに圧縮力を与える方法である．枕木，矢板，橋桁などで使用する．

2) ポストテンション方式（posttension method）：おもに現場で施工される構造物に用いられる方法である．PC 鋼材はコンクリートと付着しないよう

にシース（さや管）の中に配置しておき，コンクリートの硬化後にPC鋼材を緊張し，その両端を締めてコンクリートに圧縮力を与える方法である．高架道路，長いスパンの橋や建物のはりなどで使用する．

演習問題

3.1　良いコンクリートとは，どのようなコンクリートか説明せよ．
3.2　示方配合で $1\,\mathrm{m}^3$ あたり，水 150 kg，細骨材 $S = 750$ kg であった．現場での細骨材の表面水量が 3% のとき，実際に計量すべき細骨材量と使用水量を求めよ．
3.3　示方配合で細骨材 $S = 750$ kg，粗骨材 $G = 1\,050$ kg である．細骨材の中に 5 mm 以上の粗骨材が 5%，粗骨材の中に 5 mm 以下の細骨材が 2% 含まれている．計量すべき細骨材量と粗骨材量を求めよ．
3.4　プレストコンクリートの施工方法を説明せよ．

4章 トンネル

4.1 概説
4.1.1 定義
トンネルは，ずい道，洞道，坑道などともよばれているが，一般に「ある用途に供する目的で，その上部に地山を残して掘削した空洞または空間」を指すものである．狭義のトンネルとは鉄道のトンネルのような細長い管状の通路を指すが，広義には地下発電所や石油備蓄基地のような大空洞や立坑，斜坑もトンネルの範ちゅうに入れるようである．さらには地山を開削工法で掘削し，そこに管状構造物を構築後埋め戻す開削工法トンネルや，管状構造物を海底に沈設したいわゆる沈埋トンネルなどもトンネルとよばれている．

4.1.2 用途
トンネルは，一般にどのような用途に使われているのであろうか．以下にわれわれの身の回りでよくみられるトンネルを列記する．

道路トンネル	水路トンネル
鉄道トンネル	地下埋設物用トンネル
人道トンネル	地下発電所
ベルトコンベヤトンネル	石油備蓄基地空洞
航路トンネル	地下駐車場
鉱山トンネル	地下商店街
換気トンネル	地下工場
地下駅	作業用横坑，立坑，斜坑
防空壕，地下シェルター	貯水用空洞

これらのほかに，最近ではコンサートホールやイベントホールのための地下空洞も出現している．

4.1.3 種類と分類
（1） 用途による分類
トンネルの用途による分類については上述（4.1.2　用途）のとおりである．
（2） 断面形状による分類
トンネルの断面形状により，円形，馬蹄形，卵円形，側壁垂直形，めがね形，ボックス形などに分けられる．
（3） 断面の大きさ，トンネル本数，トンネル長による分類
トンネル断面の大きさによって，大断面，小断面，または単線，複線などの区別があり，またトンネルの本数が2本以上の場合は並設（並列）とよばれることがある．さらにトンネル延長が3000 mを越える場合，長大トンネルとよぶ（労働安全衛生法による定義）．
（4） 施工法による分類
トンネルは施工法により，以下のように分類される．

　　　山岳トンネル ─┬─ 在来工法
　　　　　　　　　　└─ NATM工法
　　　TBM（トンネルボーリングマシン，tunnel boring machine）トンネル
　　　シールドトンネル
　　　開削トンネル
　　　沈埋トンネル

（5） その他の分類
1） 地質による分類：掘削する地山によってそれぞれ土砂トンネル，軟岩トンネル，硬岩トンネルとか崩壊性トンネル，膨張性トンネルなどとよばれる．
2） トンネルの勾配による分類：水平坑，立坑，斜坑など．
3） トンネルの位置する場所による分類：海底トンネル，河底トンネル，都市トンネル，山岳トンネルなど．

4.1.4 歴　史

　世界史の中でのトンネルの歴史は必ずしも明確ではないが，石器時代から住居，埋葬箇所あるいは食糧貯蔵施設として，自然の洞窟や鍾乳洞を利用したり，人工のトンネルが掘られていたことは想像に難くないし，人類の歴史とともに主として井戸や人工水路施設，鉱物資源採集のための坑道という形でトンネルが発展してきたようである．

　わが国においても古くから，人道，鉱山，抜け道，水路などの目的でトンネルが掘られているが，日本人による近代的なトンネル技術によって掘られたトンネル（山岳トンネル）は，1879 年（明治 12 年）に貫通した旧逢坂山トンネルの底設導坑である．その後トンネル技術は鉄道建設技術とともに進歩を重ね，第二次世界大戦後は，鉄道，道路および電力開発の発展とともに飛躍的に進歩を遂げて今日に至っている．表 4.1，表 4.2 に国内の代表的トンネルを示す．

表 4.1　日本の長大道路トンネル　　　（1995 年現在）

	トンネル名	道路名	IC 間	延長[m]	供用年
1	関　越	関越自動車道	水上～湯沢	下 11 055 上 10 926	1991（平成 3） 1985（昭和 60）
2	恵那山	中央自動車道	飯田～中津川	下 8 649 上 8 489	1985（昭和 60） 1975（昭和 50）
3	新神戸	市道	新神戸～箕谷 JC	下 7 175 上 6 910	 1974（昭和 49）
4	肥　後	九州自動車道	八代～人吉	6 340	1989（平成 元）
5	加久藤	九州自動車道	人吉～えびの	6 213	1995（平成 7）
6	笹　子	中央自動車道	大月 JCT～勝沼	下 4 784 上 4 717	1977（昭和 52） 1977（昭和 52）
7	子不知	北陸自動車道	親不知～朝日	4 555	1988（昭和 63）
8	笹ヶ峯	四国横断自動車道	新宮～大豊	4 307	1992（平成 4）
9	宇　治	国道 1 号	京滋バイパス	4 304	
10	坂　梨	東北自動車道	碇ヶ関～十和田	下 4 265 上 4 255	1986（昭和 61） 1986（昭和 61）

表 4.2　日本の長大鉄道トンネル　　　　(1995年現在)

	トンネル名	路線名	IC間	延長 [m]	供用年
1	青函	津軽海峡(在・新)	木古内〜中小国	53 850	1988 (昭和63)
2	大清水	上越 (新)	上毛高原〜越後湯沢	22 221	1984 (昭和59)
3	新関門	山陽 (新)	新下関〜小倉	18 713	1975 (昭和50)
4	六甲	東海道 (新)	新大阪〜新神戸	16 250	1971 (昭和46)
5	榛名	上越 (新)	高崎〜上毛高原	15 350	1981 (昭和56)
6	中山	上越 (新)	高崎〜上毛高原	14 857	1982 (昭和57)
7	北陸	北陸 (新)	敦賀〜南今庄	13 870	1962 (昭和37)
8	新清水	上越 (在)	湯桧曽〜土樽	13 500	1967 (昭和42)
9	安芸	山陽 (新)	三原〜広島	13 030	1973 (昭和48)
10	北九州	鹿児島 (新)	小倉〜博多	11 747	1975 (昭和50)

＊ ( ) 内，在は在来線，新は新幹線

4.2　地形，地質

4.2.1　トンネルと地形

　トンネル掘削の難易は対象となる地山の地形や地質と密接に関係している．特に地質はトンネル掘削の難易に直接的に関係しているが，地形も地山内の地質構造をある程度反映しているものであり，トンネルの計画・設計上，その地形のもつトンネル工学上の意味あいを知ることはきわめて重要なことである．以下にトンネル掘削にあたっての地形に関する注意点を示す．

（ⅰ）　坑口は一般に山腹斜面の崖錐部や強風化帯につけられることが多く，斜面崩壊対策が要求されることが多い．

（ⅱ）　山腹斜面の比較的浅い部分をトンネルが通過する場合

① 偏圧（不均一な地圧）を受けやすく，掘削中，完成後の変状の要因となりやすい．

② 崖錐が堆積している場合が多く，大きな地圧や切羽崩壊，天端崩落を発生しやすい．

③ 斜面の安定状態を乱し，斜面崩壊や地すべりの要因となることがある．

④ 地すべり地の末端部を通過するような場合，トンネル自体が地すべりに巻き込まれる危険性が高い．計画段階でこのような配置は避けるべきであ

図 4.1 山腹斜面とトンネルの通過位置（①，②は避けるべきである）

る．
（iii）海岸段丘，河岸段丘または扇状地堆積物の中や近傍をトンネルが通過する場合
① 一般に堆積物は固結力に乏しく，切羽，天端の崩落を発生しやすい．
② 湧水を伴うことが多く，含水未固結土砂の流出により，トンネルが埋まってしまう例が多く報告されている．

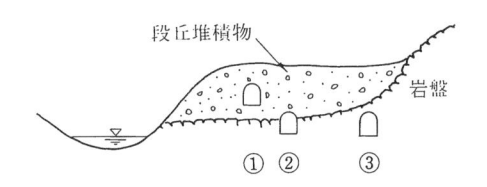

図 4.2 段丘とトンネルの通過位置（①，②は避けるべきである）

（iv）沢，池，鞍部や盆地の下をトンネルが通過する場合，しばしば大湧水や突発湧水に遭遇している．特に土被りがうすい場合は注意を要する．
（v）本川の両側から沢が一直線上に流入してきているような箇所は，断層である場合が多い．このような沢に沿ってトンネルを計画することは避けたい．
（vi）図 4.3 に示すようなケルンバット，ケルンコルから想定されるような特異地形やその他，沢，谷や崖が連続して直線上に並んでいる箇所は断層や地質構造上の弱線であることが多い．できる限り避けたほうがよい．
（vii）沢や谷の間隔が狭いところは一般に不透水性地山であり，逆に間隔の広いところはは透水性地山であることが多い．計画・設計上留意すべきである．

A：ケルンコル
B：ケルンバット

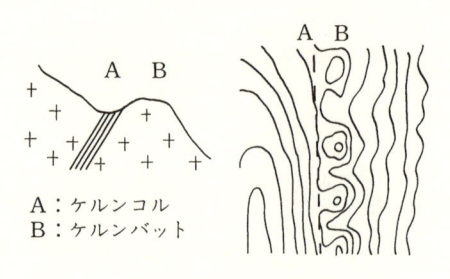

図 4.3　断層地形（石崎昭義ほかによる）

4.2.2　トンネルと地質

地質はトンネルの計画・設計および施工にきわめて大きな影響を及ぼす要因である．特に掘削中の切羽の自立，天端の安定，トンネルに作用する地圧（土圧）の大きさなどは地質と密接に関係している．

（1）地質構造

断層は断層面に断層粘土とよばれる粘土層をもち，断層の周辺に破砕帯を伴うことが多い．そのためトンネル掘削中に断層に遭遇すると突発的な異常出水や異常地圧現象により難渋する．しかしながら国内の地山では断層のない箇所を探すのが困難であるくらい至る所に断層を見いだすことができる．

トンネル掘削においては断層を避けることは不可能であるので，少なくとも断層面とトンネル軸が一致することのないよう，可能な限りトンネルが断層面に直角に近い角度で交わるように計画すべきである．また褶曲部では地質は複雑かつ痛められていることが多く，断層部と同様，トンネル掘削にとって注意を要する箇所である．

（2）岩　質

われわれが通常のトンネル掘削で遭遇する岩石には，火成岩，堆積岩，変成岩の3種類がある．これらの岩石の中で，変朽安山岩，温泉余土，蛇紋岩，特殊な泥岩および一部の結晶片岩類，千枚岩，粘板岩の地山では，トンネル掘削中に異常地圧，膨張性地圧の発生が観察されており，設計施工上特に留意すべきである．

(3) 岩　盤

トンネル掘削中の切羽の自立，天端の安定，トンネルに作用する地圧などは地質構造や岩質ばかりではなく，地山岩盤の亀裂の状態に影響を受ける．岩盤の亀裂を表現する手法としては，弾性波探査によって求められる P 波速度やボーリングコア採取によって求められる RQD（rock quality designation）などが用いられる．

表 4.3　RQD による岩盤分類

RQD [%]	岩盤良好度の表示
0〜25	非常に悪い（very poor）
25〜50	悪い（poor）
50〜75	普通（fair）
75〜90	良い（good）
90〜100	非常によい（excellent）

（注）RQD はボーリングにおいて単位掘進長（たとえば 1 m）に対するコア長 10 cm 以上の部分の全長の割合をもって表示する．

4.2.3　地形，地質調査

トンネルの計画・設計・施工上必要な，地形・地質調査項目を表 4.4 に示す．

4.3　施　工　方　法

4.3.1　トンネル工法

トンネル施工法には以下のような種類がある．

(1)　山岳工法

1) 在来工法：鋼製支保工と木矢板で支保を行う，古典的掘削工法である．
2) NATM 工法[1]：油圧削岩機による削孔，スムースブラスティング，吹付コンクリートおよびロックボルトを主体とした支保が特徴である（鋼製支保工を併用する場合もある）．

(2)　TBM 工法

1) TBM 工法：硬岩を機械で急速掘削する工法である．地山地質の変化

---

[1] NATM 工法は，新オーストリアトンネル工法（New Austrian tunneling method）の略であり，現在国内では標準的な工法である．

表 4.4 地山の種類と調査項目

	地形	地質構造	岩質・土質	地下水	力学的性質	物理的性質	鉱物・化学的性質	記事
硬岩地山	地すべり 崩壊地 偏土圧地形	地質分布 断層・摺曲	岩石名 岩相[1] 割れ目 風化・変質	滞水層 地下水位	一軸圧縮強度	地山弾性波速度 超音波速度		特にもろく土砂状のものは、土砂地山に準ずる
軟岩地山	地すべり 崩壊地 偏土圧地形 土被り	地質分布 断層・摺曲	岩石名 岩相 割れ目 風化・変質	滞水層 地下水位 透水係数	一軸圧縮強度 粘着力 内部摩擦角 変形係数 ポアソン比	地山弾性波速度 超音波速度 密度	浸水崩壊土	同上 浸水崩壊度が著しい場合は、膨張性地山に準ずる
土砂地山[2]	地すべり 崩壊地 偏土圧地形 土被り	地質分布	土質名 固結度	滞水層 地下水位 透水係数	一軸圧縮強度 粘着力 内部摩擦角 変形係数 ポアソン比 N値	密度 粒度組成 含水比		均等粒径であって粘土分をほとんど含まない場合は、流動性の検討を要する
膨張性地山	地すべり 崩壊地 偏土圧地形 土被り	地質分布 断層・摺曲	岩石名 岩相 割れ目 風化・変質		一軸圧縮強度 粘着力 内部摩擦角 変形係数 ポアソン比	密度 粒度組成 液性限界 塑性限界 含水比 地山弾性波速度	含有粘土鉱物 浸水崩壊度	

1) 岩石の粒度、鉱物組成、空隙状態を指す。
2) 土砂地山で粘性土の場合は、軟岩地山、膨張性地山の欄も参考とする。

(トンネル標準示方書)

に対する適応性が悪く、国内ではいまだ山岳工法に比べて施工例は多くはないが、海外では月進 1000 m を越す記録もでており、今後国内でも本格的に採用される工法と期待されている。

 2) シールド工法：シールドマシンにより、主として軟弱な沖積層のトンネル掘削に用いられる。都市部のトンネル掘削の代表的工法である。

(3) その他

 1) 開削工法：一度開削して構造物を構築後、再び埋め戻す工法であり、都市部の地下鉄工事などでよく用いられている。

表 4.5 調査項目と調査方法

調査項目	地質調査法	資料調査	地表踏査	弾性波調査	水文調査	地下水調査	ボーリング	速度検層	電気検層	孔径検層	温度検層	標準貫入試験	孔内載荷試験	試料試験	調査坑観察計測
地形	地すべり・崩壊地	○	○				○								
	偏土圧が作用する地形	○	○												
	土被り	○													
地質構造	地質分布	△	○	△			○	△	△						○
	断層・摺曲	△	○	○			○	△							○
岩質・土質	岩石・土質名	△	○				○		△						
	岩相	△	○				○								
	割れ目	△	○				○								
	風化・変質		○				○		○		△				
	固結程度		○	△			○	△	△	○					○
地下水	滞水層		○		○	○	○		○	○	△				
	地下水位	△				○	○								
	透水係数					○									
力学的性質	一軸圧縮強度											△	○	△	
	粘着力・内部摩擦角											△	○	△	
	変形係数・ポアソン比											△	○	○	
	N 値											○			
物理的性質	地山弾性波速度			○				○							
	超音波速度													○	
	密度													○	
	粒度組成													○	
	液性限界・塑性限界													○	
	含水比													○	
鉱物的・性化質	粘土鉱物													○	
	浸水崩壊度													○	
	吸水率・膨張率													○	

(注) ○:有効な調査法 　　　　　　　　　　　　　　　　　　(トンネル標準示方書)
　　　△:場合により有効な調査法

2) 沈埋工法：ドライドックで築造した沈埋トンネル本体を，えい航後，所定の位置に沈設接合する水中トンネル工法である．

4.3.2 トンネル掘削工法
（1） 掘削方式

　掘削方式には，次の3種類があるが，1975年（昭和50年）以降，1) の人力掘削はほとんど行われず，2), 3) が主流となっている．さらに近年機械の進歩とともに対応岩質の範囲が格段に広がり，3) の機械掘削の占める割合が伸びてきている．

　1）　人力掘削：ピック，つるはし，スコップなどの道具を使用して，主として人力で掘削する．

　2）　発破掘削：岩盤にさく岩機を用いて穿孔し，その孔にダイナマイトなどの爆薬を装填し，その爆発力を利用して岩盤を破壊掘削する工法である．爆薬，雷管ならびに穿孔機械の発達に伴って，岩盤トンネル掘削の主要工法となっている．

　3）　機械掘削：トンネル掘削機には自由断面掘削機と全断面掘削機とがある．自由断面掘削機は，元来は石炭鉱山の坑道掘削機として開発されたものである．1975年（昭和50年）ごろから軟岩を対象として，特に騒音，振動などの環境問題により発破掘削が不可能なトンネル工事で多く採用されている．

　自由断面掘削機の掘削対象は土砂〜軟岩であったが，機械性能の向上と機械の大型化によって，軟岩，風化岩，亀裂の多い中硬岩へと適用範囲を拡大してきている．自由断面掘削機には土砂を対象としたバケット式，リッパー式と，土砂〜軟岩，中硬岩を対象としたブーム式がある．

　通常トンネル自由断面掘削機とはこのブーム式掘削機を指す．ブーム式掘削機は，ブーム先端に取り付けられた切削用ビットを装着した回転ヘッドにより岩盤を切削しようとするものである．全断面掘削機に比べて小型軽量で，土砂から軟岩，中硬岩まで適用地質範囲が広く，地質状況の変化や掘削断面形状に対する融通性があるため，使用実績は飛躍的に伸びている．また，近年大型ブレーカーも軟岩掘削に用いられるようになっている．自由断面掘削機の例を図4.4に示す．

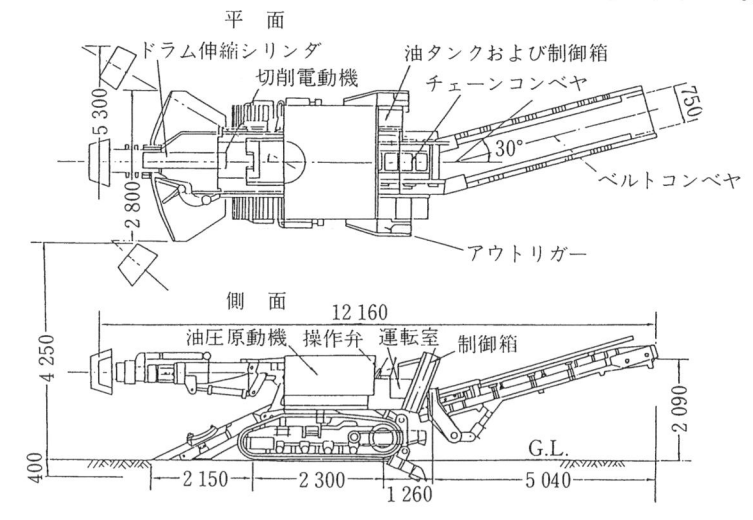

図 4.4 自由断面掘削機（MRH-S 125 形ロードヘッダ）

一方，掘削断面を変更できないトンネルボーリングマシン（TBM）やシールドマシンなどが全断面掘削機に分類される．全断面掘削機については，4.6節で触れる．

（2） 掘削工法

断面が $20\ \mathrm{m}^2$ 以下の小断面トンネルは，通常全断面工法で掘削されるが，掘削断面が大きくなると，地質状態にあわせて分割掘削を行う（図 4.5）.

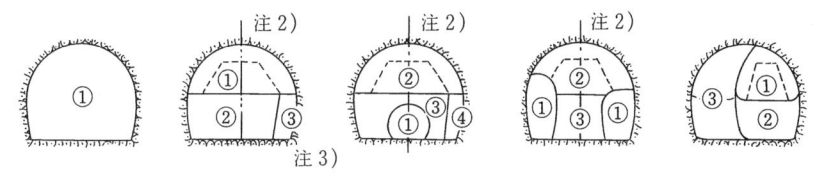

(a) 全断面工法 (b) 上部半断面工法 (c) 底設導坑先進工法 (d) 側壁導坑先進工法 (e) 中壁分割工法

注 1） ①，②，③，④ は掘削順序を示す．
注 2） 図(b)，(c)，(d)の中心線より右側は，矢板工法に採用されるものである．
注 3） 上半部と下半部を併進する工法をベンチカット工法という．なお図(b)のように分割する場合をわが国では一般に 2 段ベンチカットといい，これより段数が多いものを 3 段ベンチカット，多段ベンチカットなどという．
注 4） 切羽の安定が悪い場合は，図中点線で示したように，掘削断面を細分割することがあり，上半部を のように掘削する場合をリングカットまたは核残しという．

図 4.5 代表的な大断面掘削工法（トンネル示方書）

1) 全断面工法：全断面を一度に掘削する．地質の良い地山に適用される．
2) 上部半断面工法：上半（上部半断面）①を先行掘削し，その後，下半（下部半断面）②，土平③を掘削する．NATM工法では図の左側，矢板工法の場合は右側のように②③を分割掘削する．地質の悪い地山に適用される．
3) 底設導坑先進工法：底設導坑①を先行掘削し，その後上半②を掘削する．上半のずりは底設導坑に落とし搬出する．上半掘削後ある程度の距離をおいて③大背，④土平を掘削する．
NATM工法では図の左側，矢板工法の場合は右側のように③④を分割掘削する．通常，地質の悪い地山に適用される．
4) 側壁導坑先進工法：側壁導坑①を先行掘削し，その後上半②，大背③の順序で掘削する．NATM工法では図の左側，矢板工法の場合は右側のようになる．地質の非常に悪い地山に適用される．
5) 中壁分割工法：大断面トンネルや扁平な形状のトンネルの場合，図4.5(e)のような中壁をもった3分割掘削工法を採用することがある．支保は鋼製支保工と吹付コンクリートおよびロックボルトで行う．CD工法ともよばれる．
6) リングカット工法：切羽が安定せず崩壊が発生する場合には，図4.5(b)〜(e)の破線に示すように断面をさらに分割して掘削する．これをリングカット工法という．地質の非常に悪い地山に適用される．

4.3.3 山岳工法によるトンネル掘削
(1) 掘削サイクル
山岳工法（NATM工法）によるトンネル掘削のサイクルは，次のとおりである．
- 掘削準備
- 掘　　削（削孔，装薬，退避，発破）
- こそく（坑壁安定のための浮石除去作業）
- ずりだし
- 支保工（省略される場合もある）
- 溶接金網（省略される場合もある）

- 吹付コンクリート
- ロックボルト
- フォアパイリング（省略される場合もある）
- 設備延伸

在来工法の場合は，支保工と木矢板で支保を行う．溶接金網，吹付コンクリート，ロックボルト，フォアパイリングなどは使用されない．

（2）削　孔

爆薬装塡のための削孔は空圧式削岩機または油圧式削岩機によって行う．NATM工法が標準工法となって以来，特別な小断面トンネルを除いて油圧式削岩機が標準削孔機械となっている．削孔のスピードアップをはかるため，数台（2〜4台）の削岩機を上下左右前後に自由に運動できる油圧式ブームに取り付け，それを車体にマウントした油圧ジャンボが用いられている．削岩機本体も年々大型化し，70〜150 kgクラスの削岩機が標準となってきている．小断面トンネルや部分的な，ごく小規模な発破のための削孔には，空圧式削岩機が用いられる．穿孔速度は削岩機が空圧式から油圧式に移行するにしたがい飛躍的に向上している．

削孔は削岩機に取り付けられたロッドとその先端に取り付け，直接岩盤を削岩するビットの組み合わせによって行う．

（3）発　破

トンネルの発破に用いられる爆薬はこう質ダイナマイトが主である．最近その経済性からアンホ爆薬（AN-FO explosive, ammonium nitrate-fuel oil explosive，硝安油剤爆薬）も使われるようになっている．爆薬を爆発させるには，雷管を使用してショックを与えねばならないい．雷管を起爆させる方法には導火線や導爆線による方法と電気雷管による方法がある．国内では電気雷管による起爆法が一般的であるが，雷や突発的な漏れ電流，強力な電波などにより起爆する可能性があり，正しい知識と資格を有する者による取り扱いが必須である．

このような電気雷管に変わるものとして，非電気点火システムが開発されており，ヨーロッパでは一般的に使用されている．

トンネルのような閉じた，自由面の少ない地山（切羽が唯一の自由面）の掘

削のための発破では，心抜き発破，払い発破の2段階の発破がかけられる．すなわち最初心抜き発破によって自由面が形成され，次に心抜き発破によってできた自由面に対して払い発破がかけられるのである．トンネル発破の名称を図4.6に示す．

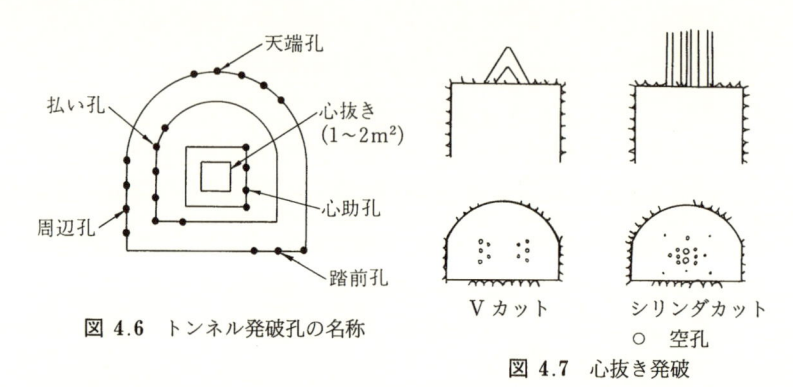

図4.6 トンネル発破孔の名称

図4.7 心抜き発破
○ 空孔

心抜き発破法にはアングルカット方式と平行孔心抜き方式がある．前者にはVカットとファンカットがあり，後者にはコロマントカットやシリンダカットなどがある．アングルカットでは1発破長を伸ばすことは困難である．1発破長の大きい長孔発破では平行孔心抜き法が用いられる．図4.7に心抜き発破孔の配置例を示す．

(4) ずり出し

ずり出し作業は積込みと運搬の2作業よりなる．ずり出し作業には次のような工法がある．

1) レール工法：ずりの運搬をバッテリーロコと鋼車などで行う．小断面トンネル，延長の長いトンネル，立坑を利用して掘削するトンネルで採用される．

2) タイヤ工法：ずりの運搬をダンプトラック，ロードホールダンプなどで行う．NATM工法の標準ずり出し工法である．

3) その他：ベルトコンベヤ，流体輸送，カプセル輸送

(5) 支　保

支保は最終的にトンネルに作用する地圧のうち，覆工がその効果を発揮する

表 4.6 ずり出し工法と使用機械

工　法	積み込み機械	運搬機械
レール工法	空圧式ショベル 　・ロッカーショベルなど 油圧式ショベル 　・ヘグローダ 　・シャフローダなど	牽引機械 　・バッテリーロコ 運搬車両 　・鋼　車 　・シャトルカー
タイヤ工法	油圧ショベル トラクタショベル ホイールタイプショベル	各種ダンプトラック
	積み込み，運搬一体型機械 　・ロードホールダンプ	
その他	連続ベルトコンベヤ 流体輸送システム	

までの期間，トンネル周辺の地山の緩みの進行を最小限に抑えるとともに，掘削した空間を安全に保持するために施工される．通常のトンネルで用いられる支保には次のようなものがある．

- 鋼製支保工
- 木矢板，鉄矢木
- 吹付コンクリート
- 溶接金網
- ロックボルト
- フォアパイリング

木製支保工は現在ではほとんど用いられていない．

支保構造の適用の考え方を表4.7に示す．

1) 鋼製支保工：通常H型鋼，U型鋼，C型チャンネルを冷間曲げ加工したものに必要なプレート（継手など）の取り付けや必要な穴あけを行ったもので，2ピース，3ピース，4ピースのものがある．まれにパイプ支保工を用いることもある．H型鋼の場合100 mm×100 mm，125 mm×125 mm，150 mm×150 mmが一般的である（在来工法では200 mm×200 mmも使用される）．支保工建込みピッチは1.5 m以下である．

2) 木矢板，鉄矢木：矢板類は，在来工法において鋼製支保工と組み合わ

表 4.7 支保構造の適用の考え方

再配分応力と地山強度との関係および地山の性質		支保構造の設計に考慮すべき項目	鋼アーチ支保工	ロックボルト	吹付けコンクリート	履工
地山強度∨再配分応力	節理の発達が少ない(マッシブなもの)	施工に伴う部分的な岩塊のゆるみ(浮き石)	—	ランダムボルティング	肌落ち防止程度の簡易な吹付け	力学的意味では不要
	節理の発達しているもの	緩み荷重	適	パターンボルティング(先端定着型・全面接着型)	断面が大きい場合はロックボルトの併用が必要	適
地山強度≒再配分応力	初期地山応力(土圧)の小さい場合 φが比較的大きな場合	緩み荷重(土圧)	適	自立性があればパターンボルティング(全面接着型)	自立性があれば適、断面が大きい場合はロックボルトとの併用	土圧に耐える構造として設計可能
	φが小さな場合	緩み荷重+変位条件	変位1%程度以下の場合は適(剛な構造でよい)	パターンボルティング(全面接着型)	ロックボルトとの併用または軸力モデルが必要となる場合もある	同上
	初期地山応力の大きい場合 φが比較的大きな場合	緩み荷重+変位条件	同上	同上	変位が大きい場合、収縮スリット構造、付着モデルなどが必要となる場合もある	変形が収束した段階で施工することが必要
	φが小さな場合	緩み荷重+変位条件	変位が大きいのが一般的なので追随性が不足し不適であるが、全体の耐荷力を大きくするため大型のものを用いる場合もある	同上 ただし、ロックボルトの効果は小さい	同上 また耐力の大きな剛な構造とする	変位が適当に生じた段階で施工し段階的に変位を拘束することが必要

(トンネル標準示方書)

せて使用される．木矢板は厚さ30 mmから50 mm，長さ1.5～2 mのものが使われる．矢板の施工方法を図4.8に示す．

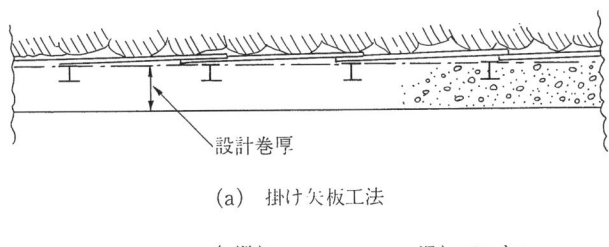

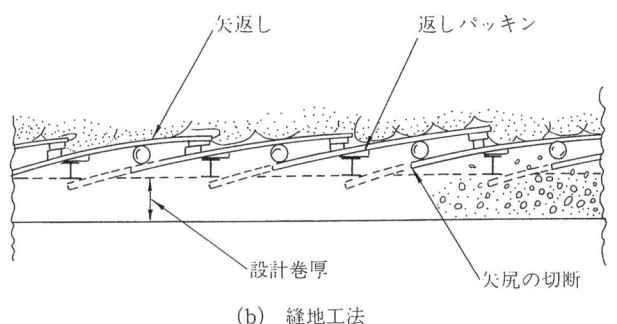

(a) 掛け矢板工法

(b) 縫地工法

図4.8 矢板の施工方法

3) 吹付コンクリート：吹付コンクリートは，掘削後早期に地山の掘削坑壁面を閉合し，トンネル作業の安全を図るとともに，地山内の応力分布を均等化し，地山自体の支保能力を早期に，より効果的に発揮させるための支保である．

吹付方法には乾式吹付と湿式吹付の2方式がある．乾式吹付方式はセメントと骨材をミキサーで混練りしたものを圧縮空気で圧送し，吹付ノズル根元で所定量の圧力水を添加して吹き付ける方法である．急結剤の添加には空練り材料に添加する方式と圧力水に混入する方式とがある．比較的小型の機械で施工可能であり，長距離圧送が可能という利点があるが，一方作業員の熟練度により品質が左右される，粉塵量が多いなどの欠点もある．また機械が小型であるため時間あたりの施工能力は小さい．

湿式吹付方式はレディーミクストコンクリートを圧縮空気またはコンクリートポンプで圧送し，吹付ノズル根元で所定量の急結剤を添加して吹き付ける方

法である．レディーミクストコンクリートを使用するため品質の変動が少なく，粉塵量が少ない利点があるが，圧送距離が短く，吹付ホースの閉塞が発生しやすいなどの欠点もある．一般に機械が大型であるため時間あたりの施工能力は大きい．吹付コンクリートの配合例を表4.8に示す．

表4.8 吹付コンクリートの配合例

種別	セメント [kg/m³]	スランプ [cm]	最大粗骨材寸法 [mm]	W/C [%]	S/A [%]	急結剤率 [%]
乾式	360	—	15	45	55	セメント量の5.5
湿式	360	8	15	55	60	セメント量の5.5

4) 溶接金網：吹付コンクリートの補強に用いられる．

5) ロックボルト：ロックボルトは掘削したトンネル周辺の地山内応力分布を均等化し，地山と一体になって地山自体のもつ支保機能をより効果的にするための支保である．

ロックボルトは削岩機で削孔後ロックボルトを孔内に挿入し，図4.9に示すような方式で地山に定着する．ロックボルトには定着方式によって，全面接着型ロックボルトと先端定着型ロックボルトの2種類がある（先端定着後グラウトで全面接着する併用型もある）．全面接着型ロックボルトの定着剤には，モルタル，セメントペースト，レジン（樹脂）などがある．

このほかに特殊なロックボルトとしてフリクションボルトの1種であるスウェレックスボルト（軟鋼のパイプ状のボルトの中に水を注入し，その水圧を利用して軟鋼と地山の定着を行う）やグラスファイバボルト（パイロットトンネルのシステムボルトや鏡ボルトとして使用）があり，新しいロックボルトとして注目されている．

ロックボルトの配置には，地山の状態をあらかじめ想定し，ロックボルト配置（パターン）を決めておくシステムロックボルティングと，掘削直後の地山状態の判断により配置を決めるランダムボルティングがある．システムボルティングの例を図4.10に示す．

4.3 施工方法　105

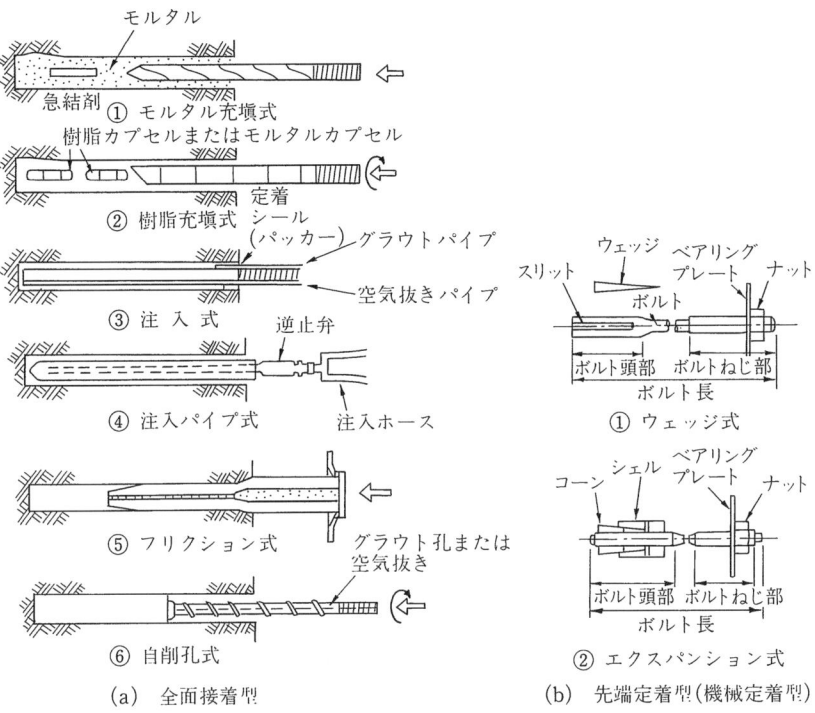

図 4.9　ロックボルトの定着型式

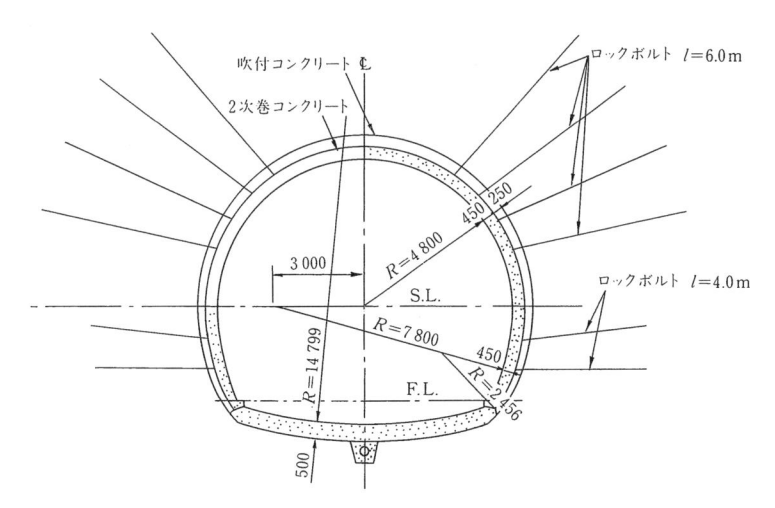

(a) 全面接着型
① モルタル充填式（モルタル、急結剤）
② 樹脂充填式（樹脂カプセルまたはモルタルカプセル、定着）
③ 注入式（シール（パッカー）、グラウトパイプ、空気抜きパイプ）
④ 注入パイプ式（逆止弁、注入ホース）
⑤ フリクション式（グラウト孔または空気抜き）
⑥ 自削孔式

(b) 先端定着型（機械定着型）
① ウェッジ式（スリット、ウェッジ、ベアリングプレート、ナット、ボルト、ボルト頭部、ボルトねじ部、ボルト長）
② エクスパンション式（コーン、シェル、ベアリングプレート、ナット、ボルト頭部、ボルトねじ部、ボルト長）

図 4.10　システムロックボルトの例（JR新幹線断面）

吹付コンクリート ℄
2次巻コンクリート
ロックボルト $l=6.0$ m
ロックボルト $l=4.0$ m
$R=4\,800$
$R=7\,800$
$R=14\,799$
$R=2\,456$
3 000
450　250
450
500
S.L.
F.L.

そのほかロックボルトは用途に応じて，図4.11のような打設がなされる．ロックボルトの長さは，使用目的，地山条件，トンネル断面によって決まるが，小断面トンネルでは1～2m，大断面トンネルでは2～6mが一般的である．

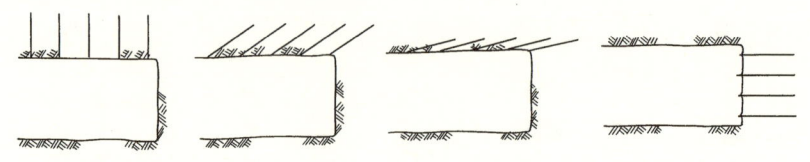

　(a) 通常のシステム　　(b) 斜め打ち　　(c) 先打ちロックボルト　(d) 鏡止め
　　　ロックボルト　　　　ロックボルト　　　　　　　　　　　　　　ロックボルト

図 4.11　ロックボルトの使用法

4.4　覆　　工

トンネルは掘削後，機能を維持する目的で，その用途に応じて巻立て行われる．

4.4.1　覆工の種類

通常のトンネルの覆工には次のようなものがあるが，コンクリート覆工が最も一般的である．

1) 無普請：自然の岩盤の坑壁をそのまま利用した覆工のないトンネル
2) コンクリート：無筋コンクリート
　　　　　　　　　鉄筋コンクリート
　　　　　　　　　スチールファイバーコンクリート
　　　　　　　　　吹付コンクリート
3) セグメント：コンクリートセグメント
　　　　　　　　スチールセグメント
4) その他の覆工：スチールライニング（鉄管巻）
　　　　　　　　　FRP (fiber-reinforced plastics, 繊維強化プラスチック）ライニング

4.4.2　覆工の施工順序

山岳トンネル工法の場合の覆工施工順序には，アーチ部，側壁部およびイン

バート部の3部位を分割して打設する方法と、アーチ部，側壁部を同時に打設し，最後にインバート部を打設する方法，および全周同時に打設する方法とがある．分割打設工法には，側壁コンクリートを先行させる順巻工法とアーチコンクリートを先行させる逆巻工法とがある．

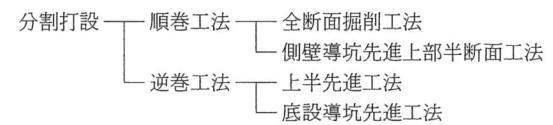

```
分割打設 ─┬─ 順巻工法 ─┬─ 全断面掘削工法
         │            └─ 側壁導坑先進上部半断面工法
         └─ 逆巻工法 ─┬─ 上半先進工法
                      └─ 底設導坑先進工法
```

1) 分割打設工法の場合，通常インバートコンクリートは最後に施工する．
2) 大きな掘削断面のトンネルの場合，掘削の切羽から200〜300 m遅れて覆工を施工する併進工法を採用し，工期を短縮することもある．

図 4.12

4.4.3 コンクリートの打設

覆工コンクリート打設のための型枠としては，トンネル延長が短く断面も小さいトンネルでは組立式型枠（バラセントル）が用いられるが，通常のトンネルでは，簡単に移動することができ，しかもそのつど組み立てる必要のない移動式型枠が使用される．型枠の長さ（一度に打設できる覆工長）は，通常6〜15 mである．

コンクリートの打設は，コンクリートポンプまたはコンクリートプレーサによって行われる．側壁コンクリートおよびインバートコンクリートではコンクリート打設管の先端を直接打設箇所に配置して打設箇所に流し込む．一方アーチコンクリートでは型枠の最上部に2〜3箇所の打設口（一度に使用する打設口は1箇所）を設け，コンクリートポンプなどによって型枠内にコンクリートを送り込む．

1) コンクリートポンプ：駆動形式としては電動またはエンジン式がある．圧送方式としてはピストン式とスクウィーズ式がある．
   30〜100 m³/h の打設能力のものがよく使われる．
2) コンクリートプレーサー：圧縮空気の圧力と膨張流動のエネルギーを利用してコンクリートを圧送する機械であり，コンクリートの運搬と圧送の2用途を1台でこなすレール工法のトンネル機械である．

4.4.4 裏込め注入

アーチコンクリート天端部分には，どのように注意深く施工してもある程度の空隙が残る．またブリージングによっても空隙が発生する．天端の空隙はゆるみ発生の原因となるので，コンクリート打設後，十分な強度の発現を待ってモルタル，セメントミルクなどを注入し，覆工と地山の間の空隙を充塡する．

注入は2槽式グラウトミキサーと注入量と注入圧力の管理が可能なグラウトポンプを用いて行われる．

4.5 掘削補助工法

実際のトンネルの掘削に際して切羽で遭遇する地山の地質状態は，決して標準的なものではなく，計画時に想定した地質条件どおりの施工ができることはむしろまれである．地質条件が標準的な設計と異なる場合，種々の補助工法を採用して安全かつ経済的に掘削を進められる．一般的な補助工法を以下に列記する．

（1） 坑口付けのための補助工法

坑口は通常土被りがきわめてうすく，グランドアーチが形成されにくい．また地質的にも風化部分を掘削することが多い．そこで次のような補助工法の併用が一般的である．

・押え盛土工法（図4.13）
・パイプルーフ工法

（2） 切羽および天端安定のための補助工法

トンネル掘削中，予想外の劣悪な地質に遭遇し，切羽および天端が安定しないケースがある．

口羽および天端の安定を図るために，掘削工法を変更することが必ずしも経済的でない場合がある．その場合，次のような補助工法が採用される．

・薬液注入工法（図4.14）
・ウレタン注入工法
・アンブレラ工法（図4.15）
・フォアパイリング工法
・水平ジェットグラウト

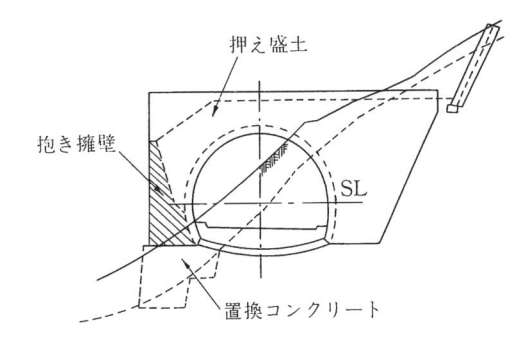

図 4.13 抱き擁壁,押え盛土による偏圧対策工法の例

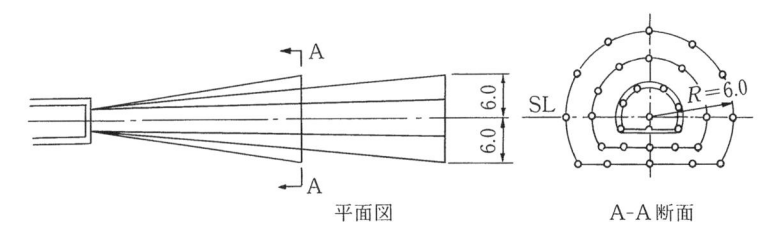

図 4.14 薬液注入工法(抗内からの注入例)

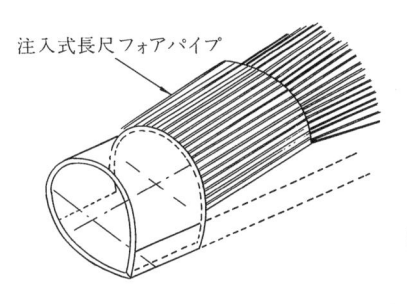

図 4.15 アンブレラ工法(注入式長尺先受工法)

(3) 湧水対策

トンネル掘削中に,掘削が不可能になるような量の湧水に遭遇する場合がある.また,当初からある区間で多量の湧水が想定される場合もある.

このような場合,経済性を考慮して,次のような局所的な湧水対策が,採用される.

・水抜きボーリング
・水抜きトンネル

・ディープウェル（図 4.16）

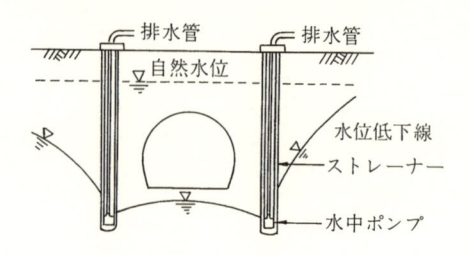

図 4.16 ディープウェル

・坑内ウェルポイント
・圧気工法
・薬液注入

（4） 地表面沈下対策

トンネル掘削中による地山応力の解放により，トンネル上部には何らかの地山変位が発生する．土被りのうすいトンネルにおいては，地表面沈下という形で地上部分に影響をおよぼす．

地表面沈下対策としては次のような方法がある．

・薬液注入
・裏込め注入
・地盤改良工法
・軟弱層の置換え工法

4.6 TBM 工法によるトンネル掘削

トンネルボーリングマシンには，硬岩をディスクカッターで圧砕して掘進するタイプと，土砂，軟岩を回転トルクによって切削して掘進するタイプの2タイプがある．前者がいわゆる TBM であり，後者が各種のシールドマシンである．両者とも単一の回転軸をもつカッターヘッドとそれに取り付けられたカッターにより，前面の地山を圧砕したり切削したりして前進する．

TBM とシールドマシンは対象とする地山が異なるだけで，基本的には同種のトンネル掘削機であるといえる．

4.6.1 TBM工法によるトンネル掘削
(1) TBM工法とは

TBMはグリッパとよばれる支圧板を油圧ジャッキで側方に張り出し，掘削した坑壁とグリッパの摩擦力を反力として，複数のディスクカッターを取り付けたカッターヘッドを前方に押し付けながら回転し，ディスクカッターにより切羽の岩石を圧砕して掘進する（図4.17，図4.18）。

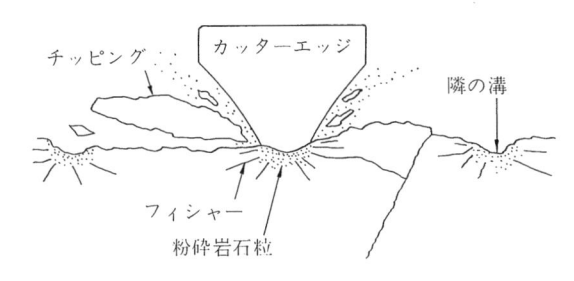

図 4.17 TBMのチッピングメカニズム

(2) 分 類

TBMには大きく分けて開放型，半開放型，シールド型の3型式がある。開放型は硬質で亀裂の少ない良好な岩盤を高速掘進するのに適しており，シールド型は堅岩から亀裂の多い岩盤までの幅広い地質に対応可能であるが，掘進速度は開放型に比べて遅いとされている。半開放型は両者の中間型である。

カッターヘッドの駆動方式には，電動機方式と油圧方式がある。電動機方式ではカッターヘッド回転数は不変であるが，油圧方式では地山の地質状態に合わせてカッターヘッドの回転数を変えることができる。

(3) ディスクカッター

ディスクカッターの形状には，くさび形（図4.19①，②）と平面形（図4.19③）がある。カッターの摩耗が激しい石英含有率の高い硬質岩石の地山に対しては平面形が有利である。使用するカッター径はTBM直径によって決められるが，掘進速度を増すために可能な限りカッター径を大きくする傾向にある。メーカーによって異なるが，通常次のような範囲である。

TBM径　3m未満：カッター径12〜14インチ
　　　　2.5〜6m：カッター径15.5インチ

112   4章　トンネル

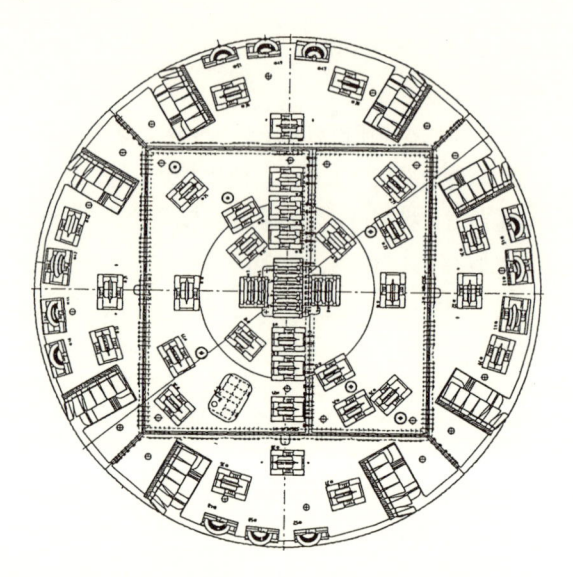

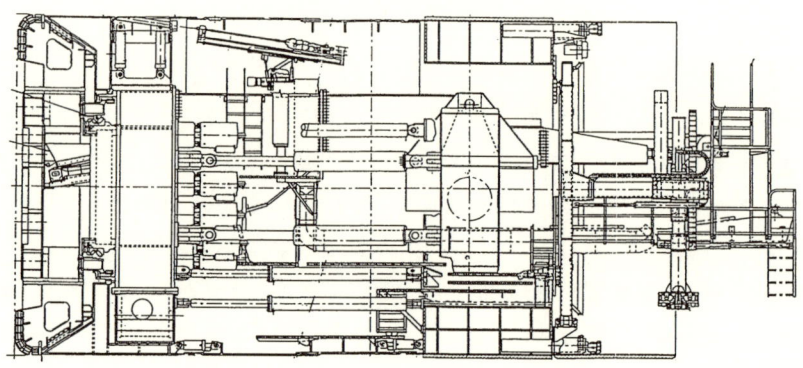

図 4.18　トンネルボーリングマシーン (TBM)

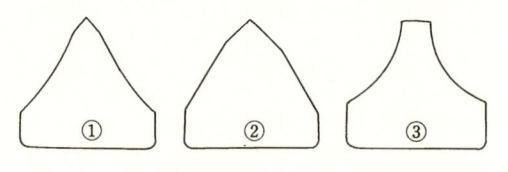

(a)　くさび形　　　(b)　平面形
図 4.19　くさび形および平面形のディスクカッター

5～8 m　：カッター径 17 インチ

6～10 m　：カッター径 19 インチ

（1 インチ＝25.4 mm）

ディスクカッターの材質はニッケルクロームモリブデン鋼が一般的であるが，石英含有量が多くきわめて硬質なチャートなどの硬岩に対しては，特殊鋼のカッターや特殊チップを埋め込んだカッターも考案されている．

（4）支　保

TBM 工法における支保としては，次のようなものが使用される．

・リング支保工
・ファイバーモルタル吹付
・吹付コンクリート
・ロックボルト
・金　網
・スチールセグメント
・コンクリートセグメント

（5）ずり搬出

切羽のずりは，一般にカッターヘッドバケットによってすくいとり，ベルトコンベアまたはロータリースクレーパによって後方に送られる．ずりは通常レール工法（鋼車またはシャトルカー）または連続ベルトコンベアにより搬出される．小断面 TBM においてはずりをクラッシャーで粉砕し，流体輸送によって坑外に搬出する工法もある．

（6）掘進速度

地山の状態，断面積によって異なるが，均質堅固な地山の場合，1 か月あたり 200～500 m の進行が期待できる．しかし TBM は非常に重量の大きな掘削機本体と非常に長い後続設備よりなるため，地質の変化に対して通常の発破工法のようにうまく順応できない．TBM 工法を採用するにあたっては十分な地質調査と摘要性の検討が必須である．

4.6.2 シールド工法によるトンネル掘削

(1) シールド工法とは

シールド工法とは，シールドとよばれる鋼製の円筒を用いて，トンネル周辺の地山の崩壊を防止するとともに，刃口（切羽）で地山の土砂を押さえながら掘進する工法である．シールド後方ではセグメントを組み立て，これを一次覆工とする．セグメントと地山の隙間には裏込め注入を施工し，地表面沈下の発生を防止する．シールド本体はセグメントを反力体として，推進ジャッキによって前進する．シールド工法は粘土層，シルト層のような軟弱地盤や滞水砂礫地盤を対象として開発されたトンネル工法であり，都市部の沖積地盤の標準的トンネル工法である．

(2) シールドの分類

掘削断面形状，掘削方式，および前面部分の構造による分類とその概要を示す．

1) 掘削断面形状による分類

 円形シールド，半円形シールド，馬蹄形シールド，だ円形シールド，矩形シールド，多円形シールド

2) 掘削方式による分類

 a) 手掘りシールド　切羽が自立する土質の場合は，開放型手堀りシールド機を用いる．

一方，切羽が自立しない土質の場合は，ブラインド式手掘りシールド機を用いる．前者は切羽の土砂を人力で掘削・搬出し積込みを行う．後者は地山と本

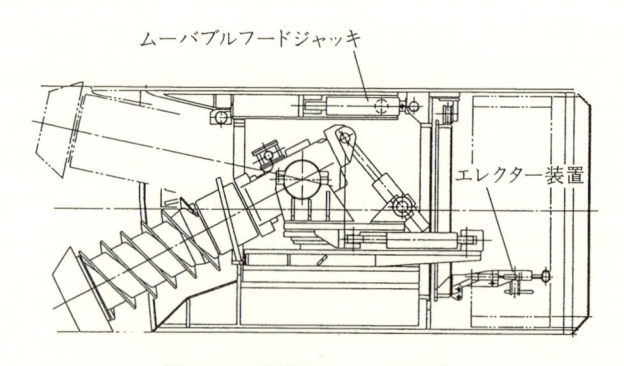

図 4.20　機械掘りシールドの例

体の間に，土質性状に応じた開口部をもつ隔壁を設け，隔壁の開口部からシールド内に押し出してくる軟弱土砂を人力で掘削・搬出し，積込みを行う．

b) 半機械掘りシールド　開放型手掘りシールド機に油圧ショベル式掘削機，回転カッター式掘削機，油圧ブレーカなどを搭載したものである．

c) 機械掘りシールド　カッタービットを装着したカッターヘッドを回転させることにより，前方地山の土砂を切削する．前面の面板構造により，開放型，閉塞型，調節型があるが，完全密閉構造ではないので，切羽が自立しない土質や大きな地下水圧が作用する砂礫層などには適用困難である（図 4.20）．

d) 土圧式シールド　土圧式シールドは，排土機械としてスクリューコンベヤーを用いることにより，シールドを密閉構造としたものである．掘削チャンバ内に充満した土砂の土圧と推力および排土のバランスにより，切羽を安定させながら掘進する．土圧式シールドには種々の改良が加えられ，泥水式シールド，気泡式シールドなどが開発され，現在最も一般的なシールド工法となっている．土圧式シールド工法の種類を表 4.9 に示す．土圧式シールド機の一例を図 4.21 に示す．

表 4.9　土圧式シールドの分類

分類	形　式	面板の有無
密封式	削　土　加　圧　式	面板型
	泥　土　加　圧　式	スポーク型 面板型
	気　　泡　　式	スポーク型 面板型
	メカニカルブラインド式	スポーク型
滞留式	土圧バランス加水式	面板型
	高濃度泥水式	面板型

3) 前面部分の構造による分類

a) 密閉型シールド　前面に隔壁構造をもったものであり，土圧式シールドがこれにあたる．

b) 部分開放型シールド　排土量調節可能な開口部を有する面板をもったものであり，ブラインドシールドがこれにあたる．

表 4.10 シールド形式と土質

土層	土質	N値	密閉型					
			土圧式				泥水式	
			土圧		泥土圧			
			適合性	留意点	適合性	留意点	適合性	留意点
沖積粘性土	腐植土	0	×	—	△	地盤変状	△	地盤変状
	シルト・粘土	0〜2	○	—	○	—	○	—
	砂質シルト・砂質粘土	0〜5	○	—	○	—	○	—
		5〜10	○	—	○	—	○	—
洪積粘性土	ローム・粘土	10〜20	△	掘削土砂による閉塞	○	—	○	—
	砂質ローム・砂質粘土	15〜25	△	掘削土砂による閉塞	○	—	○	—
		25以上	△	掘削土砂による閉塞	○	—	○	—
土丹（泥岩）[6]		50以上	△	掘削土砂による閉塞	△	ビットの摩耗	△	ビットの摩耗
砂質土	シルト粘土混じり砂	10〜15	○	—	○	—	○	—
	緩い砂	10〜30	△	細粒分含有量	○	—	○	—
	締った砂	30以上	△	細粒分含有量	○	—	○	—
砂礫・玉石	緩い砂礫	10〜40	△	細粒分含有量	○	—	○	—
	固結砂礫	40以上	△	地下水圧	○	—	○	—
	玉石混じり砂礫	—	△	スクリューコンベヤ仕様*1	○	—	△	ビット仕様*3
	巨礫・玉石	—	△	ビット仕様*2	△	ビット仕様*2	△	礫の砂砕*3

(注) 1) 適合性の記号は，下記のとおりである．
    ○：原則として土質条件に適合する．△：適用にあたっては補助工法，補助機構などの
 2) 開放型シールドは，圧気工法を併用する場合が多いが，適用の可否については検討を要
 3) ブラインド式シールドは，適用土質が沖積粘性土のうちで，さらに限定されること，また，対象から除外した．
 4) N値は，各土質の目安を示したものである．
 5) 留意点は，△に該当する地盤・形式での最重要項目のみを示している．最重要項目に絞
    *1：ビット・面板の摩耗・ビット仕様，*2：スクリューコンベヤー仕様，*3：逸泥対
 6) 泥岩については，土丹のような強度の低いものを対象としている．

4.6 TBM工法によるトンネル掘削

開放型					
手掘り式		半機械掘り式		機械掘り式	
適合性	留意点	適合性	留意点	適合性	留意点
×		×	―	×	―
△	地盤変状	×	―	×	―
△	地盤変状	×	―	×	―
△	地盤変状	△	地盤変状	△	地盤変状
○	―	○	―	△	掘削土砂による閉塞
○	―	○	―	○	―
△	掘削機械	○	―	○	―
×	―	△	地下水圧	△	地下水圧
△	地下水圧	△	地下水圧	△	地下水圧
△	地下水圧	×	―	△	地下水圧
△	地下水圧	△	地下水圧	△	地下水圧
△	地下水圧	△	地下水圧	△	地下水圧
△	地下水圧	△	地下水圧	△	ビット・面板の摩耗[*4]
△	掘削作業の安全性[*4]	△	地下水圧[*5]	△	ビット・面板の摩耗[*4]
△	礫の砂砕[*4]	△	地下水圧[*5]	×	―

検討を要する．×：原則として土質条件に適合しない．
する．
た，地盤変状が伴うことなどから，最近では適用されることがなくなった

り切れない場合は＊印を付け，同様の留意点があることを示す．たとえば，
策，＊4：地下水圧，＊5：余掘り量

（トンネル標準示方書）

118　4章　トンネル

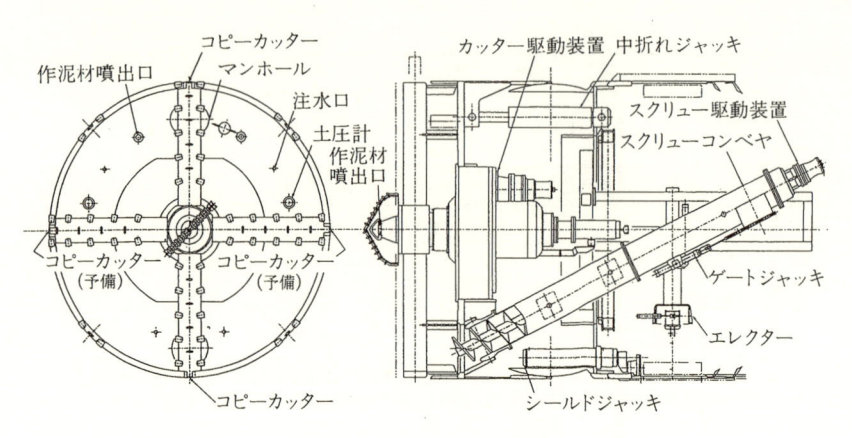

図 4.21　土圧式シールド機

c)　全面開放型シールド　　面板の大部分が開口部である．切羽が自立する地盤で採用される．

表4.10にシールド形式と適用土質を示す．

(3)　セグメント

セグメントは，シールド工法の一次覆工部材であり，土圧，水圧に対抗する

表 4.11　各種セグメントの特徴

セグメントの種類	長　所	短　所
鋼製セグメント	・軽量であり，運搬，組立が楽である ・比較的廉価である ・小断面シールドでは十分な剛性を有する ・加工が容易（切断，溶接が可能）	・大断面シールドに対しては若干剛性不足 ・腐食に弱く，二次覆工が不可欠
RCセグメント	・高い剛性を有している ・二次覆工を省略できる場合もある	・重量が重く，運搬，組立が容易ではない ・クラックが入りやすい ・端部に欠けが生じやすい ・高価である
ダクタイルセグメント	・非常に剛性が高い ・複雑な形状のセグメントの製作が容易	・非常に高価

とともに，シールド掘進のための反力体としての機能も要求される．セグメントには鋼製セグメント，RCセグメント，ダクタイルセグメントの3種類がある．各セグメントの特徴を表4.11に示す．

セグメントは，1エレメント重量が通常1tfを越すため，組立てにはエレクターとよばれる自動組立装置や真円保持装置が用いられる．直径14.14mの東京湾横断道路トンネルのセグメントは，1エレメント重量が10tfにも達している．

演習問題

4.1 以下の地形地質の中にトンネルを計画する場合，施工上，特に注意を要する地質は何か．
  (1) 土被り30mの関東ローム地山の掘削断面50 m^2 のトンネル
  (2) RQDが65%の花崗閃緑岩地山の掘削断面75 m^2 のトンネル
  (3) 段丘堆積物中の常時地下水位より上の掘削断面50 m^2 のトンネル
  (4) 土被り200mの蛇紋岩地山の掘削断面60 m^2 のトンネル
  (5) 第三紀地すべり地帯の土被り50 m，掘削断面70 m^2 のトンネル

4.2 以下の条件のトンネル工事におけるトンネル工法として適切な工法は何か．
  (1) 土砂地山の掘削断面80 m^2，延長560 mのトンネル
  (2) 河床直下の砂礫地山の掘削断面20 m^2，延長950 mのトンネル
  (3) 軟岩〜硬岩地山の掘削断面120 m^2，延長830 mのトンネル
  (4) 硬岩地山の掘削断面13 m^2，延長3 400のトンネル
  (5) 土砂地山の掘削断面75 m^2，延長91 mの最大土被り厚さが4 mのトンネル

4.3 以下の条件のトンネル工事におけるずり出し工法として適切な工法は何か．
  (1) 掘削断面25 m^2，延長3 200 mの機械掘削工法トンネル
  (2) 掘削断面75 m^2，延長750 mの発破掘削工法トンネル
  (3) 掘削断面15 m^2，延長600 mのシールド工法トンネル
  (4) 掘削断面80 m^2，延長3 500 mの発破工法トンネル

4.4 トンネル掘削工法のうち機械掘削工法の種類を列記せよ．

4.5 NATM工法トンネルで用いられる支保は，次のうちどれか．
  (1) ダクタイルセグメント

（2） 吹付コンクリート
  （3） 木矢板，鉄矢木
  （4） ロックボルト
  （5） 鋼製セグメント
  （6） 鋼製支保工
4.6 以下の各目的にあった補助工法を2例ずつ列記せよ．
  （1） 坑口付けのための補助工法
  （2） 切羽および天端安定のための補助工法
  （3） 湧水対策
  （4） 地表面沈下対策
4.7 シールド工法で用いられるセグメントの種類を列記せよ．

5章 工程管理

5.1 日程計画（PERT による計画と管理）
5.1.1 PERT の目的
ダムや道路建設などの大規模なプロジェクトを予定どおり遂行・完了させるためには，プロジェクトを構成する多くの作業の順序関係を明確にするとともに，計画を達成するうえで，本質的に重要なものとそうでないものを区別しながら，これをうまく管理することがたいせつである．PERT (program evaluation and review technique) は，このような目的を達成するために開発された手法である．

5.1.2 アローダイアグラムの描き方
土木事業などのプロジェクトは，多くの作業 (activity) で構成され，しかもそれらは何らかの順序関係をもつ．これらの作業の順序関係を表示する方法として，各作業を結合点で表す方法と矢線で表す方法がある．実用的には各作業を矢線で表すアローダイアグラムが広く用いられている．アローダイアグラムは，矢線が作業を表すので，その始点と終点にある結合点 (event) は作業の開始点と終了点を表すことになる．

（1） 三つの基本ルール

1）　作業開始時点の制約：各作業は，それを示す矢線の元（尾）が接する結合点に入ってくる**先行作業群が**，全部終了したあとでないと着手することができない．このようなルールに従うと，最初と最後の結合点を除いたすべての結合点は，必ず入ってくる矢線と出ていく矢線でつながることになる．各作業を両端の結合点の番号で表示するために各結合点に番号をつけることになるが，

これは各作業を表す矢線の頭のほうの結合点番号が尾のほうの結合点番号より大きくなるようにつけられる(図5.1).

i : 作業 (i,j) の先行結合点

$i < j$

j : 作業 (i,j) の後続結合点

図 5.1

2) **ダミー作業の導入**:**作業の相互関係だけを表示するためにダミー(疑似)作業を導入する**.ダミー作業は,作業の順序関係だけを表現するために導入した架空の作業なので,ダミー作業の所要時間はゼロにする必要がある.いま,作業CとDが作業AとBに従属する場合を考えてみよう.これらの作業のアローダイアグラムは,四つの作業A,B,C,Dを用いて図5.2(a)のように表現される.しかし,作業Dが作業Bだけに従属する場合には,作業A,B,C,Dだけでは『作業Dが作業Bだけに従属する』という関係をうまく表現することができない.このような場合に,ダミー作業が有効である.ダミー作業を導入すると,図5.2(b)のように作業の相互関係を簡潔に表現することができる.

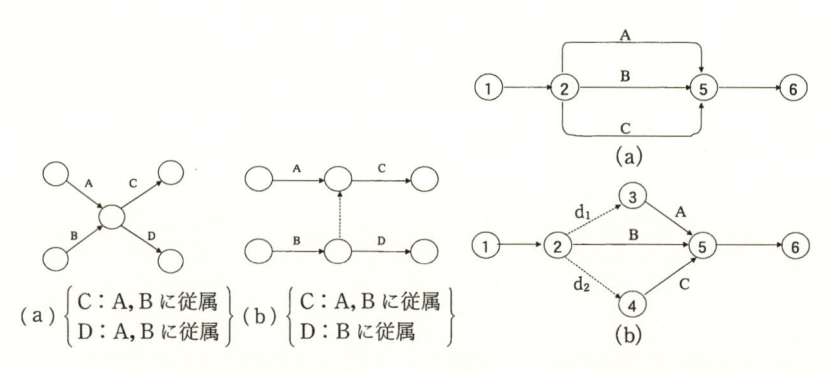

図 5.2 ダミー作業の導入   図 5.3 二つの結合点を結ぶ矢線の制限

3) **二つの結合点を結ぶ矢線の数の制限**:作業を結合点番号で表現するためには,**二つの結合点を結ぶ矢線をただ1本に限定する必要がある**.図5.3(a)の場合には,作業A,B,Cは同じ結合点番号のペアー(2,5)で表現

され，各作業が両端の結合点番号で識別できない．このような場合には，図5.3(b)のように二つのダミー作業を導入し，各作業と結合点番号のペアーを1対1に対応させる必要がある．

(2) 知っておくと便利な表示法

1) 作業の分割：作業 A の全部が終了しなくても半分終われば作業 B にかかれる場合には，作業 A を図5.4のように A_1 と A_2 に分解する．

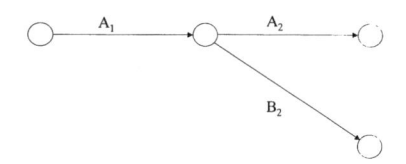

図5.4 作業の分割

2) 集合作業：いくつかの作業の集まりからなるまったく同じパターンのものが，プロジェクトのいろいろな部分に出てくる場合には，それを一つの集合作業に置き換えると便利である．

3) 出発点と終点：一つのアローダイアグラムでは出発点と終点はそれぞれ1個にまとめる（図5.5参照）．

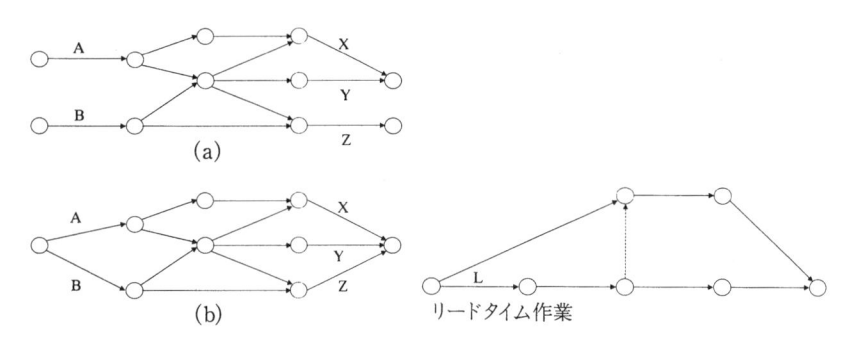

図5.5 出発点と終点は一つにまとめる　　図5.6 リードタイム作業の導入

4) リードタイム作業：実際の作業に取りかかる前に処理しなければならない準備的な作業をまとめて，リードタイム作業とする．リードタイム作業はプロジェクトの実際のスタートの前に処理しなければならない管理的，行政的な事務手続きなどを考えるときに使用する．この作業は実際の作業が始まる点で終了する（図5.6参照）．

(3) 注意すべき点

① サイクルを入れない（図 5.7 参照）．
② 不必要なダミーを入れすぎない（図 5.8 参照）．

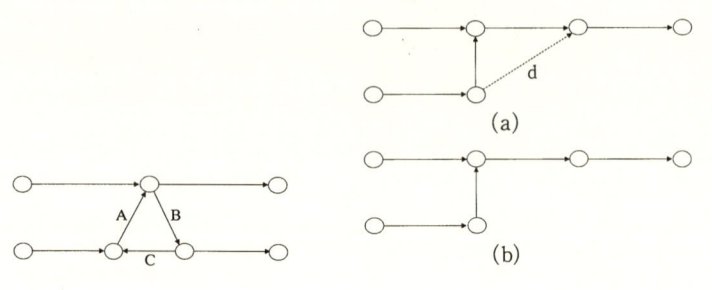

図 5.7 サイクルを入れない

図 5.8 不必要なダミー作業を入れない

5.2 PERT の計算方法

アローダイアグラムを作成し終わったならば，次に各作業の所要日数（D_{ij}）を見積もることになる．所要日数が確率的に変化する場合の取り扱いについては後述することにし，所要日数がひととおりに決まっている場合の PERT 計算について述べることにする．

いま，例題として図 5.9 に示すアローダイアグラムを取りあげることにする．各作業の所要日数は各矢線の上に表示されているとおりである．このプロジェ

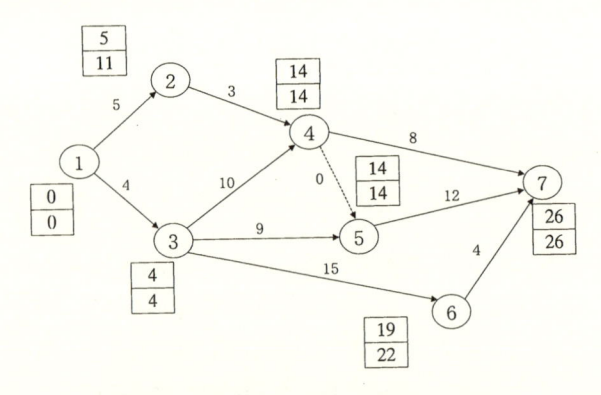

図 5.9 最早結合点日程と最遅結合点日程

クトは何日で終了するのか，緊急を要する作業と余裕のある作業をどのように識別すればよいのかなどを例題を通して考えていくことにする．

5.2.1 結合点の日程

作業 (i, j) の所要日数を D_{ij}，結合点 i の作業開始日程を結合点日程とよび，t_i で表すことにする．結合点 i から始まる作業を最も早く開始することのできる日程を**最早結合点日程**といい，t_i^E で表す．結合点 i を終端にもつ作業が一つの場合（先行結合点 k）は，t_i^E は結合点 k の最早結合点日程 t_k^E と所要日数 D_{ki} を加えることによって求めることができる．結合点 i の先行作業が二つ以上ある場合は，図 5.10 に示すように，それぞれの和の最大値をとってその結合点の最早結合点日程とする．これを式で表すと以下のようになる．

$$t_1^E = 0$$
$$t_i^E = \max_{(k,i) \in P}(t_k^E + D_{ki}) \quad (i = 2, 3, \cdots, n) \tag{5.1}$$

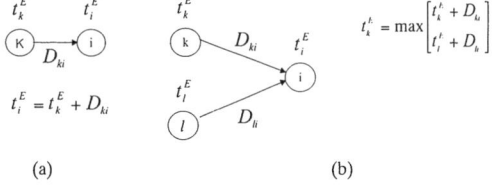

図 5.10　最早結合点日程の計算

ここで，P はプロジェクトに含まれている作業の集合を表す．

この計算方法から明らかなように，t_i^E は図 5.9 の出発点 ① と図 5.10 の結合点 i を結ぶ最長経路の長さであることがわかる．

図 5.9 の結合点 ① の開始日程を便宜上 0 日と仮定して，最早結合点日程を計算すると，図の ☐ の枠の上段に示す値になり，このプロジェクトは 26 日かかることがわかる．

次に，このプロジェクトを 26 日で完了するためには，各結合点までの作業を遅くとも何日までに終了しなければならないかを考えることにする．図 5.11 の結合点 j 以降の作業に支障をきたさないぎりぎりの日程を**最遅結合点**

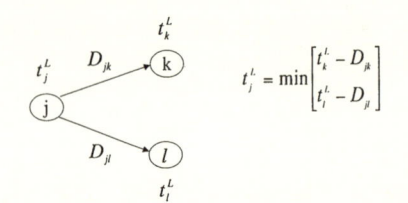

図 5.11 最遅結合点日程の計算

$$t_j^L = \min \begin{bmatrix} t_k^L - D_{jk} \\ t_l^L - D_{jl} \end{bmatrix}$$

日程といい，t_j^L で表す．

プロジェクトを26日で完了するためには，作業 (6,7) の所用日数が4日なので，図5.9の結合点⑥までの作業は遅くとも $26-4=22$ 日までに終了しなければならない．すなわち，$t_6^L = 22$ 日となる．図5.11に示すように，結合点 j の後続作業が二つ以上ある場合には，結合点 k, l の最遅結合点日程 t_k^L，t_l^L から作業 (j, k), (j, l) の所要日数 D_{jk}, D_{jl} を引いたものの最小値をとればよいことになる．これを式で表すと次式のようになる．

$$t_n^L = t_n^E$$
$$t_j^L = \min_{(j,k) \in P}(t_k^L - D_{jk}) \quad (j = n-1, \; n-2, \; \cdots, \; 2, \; 1) \quad (5.2)$$

本プロジェクトを対象にして，最遅結合点日程を計算すると図5.9に示す □ の枠の下段のようになる．

5.2.2 作業の日程

前節で計算した最早結合点日程および最遅結合点日程をもとに，各作業の開始日程と終了日程を計算する．結合点の場合と同様に，各作業についても最早および最遅の日程を考慮する必要があるので，次の4種類の日程が定義されなければならない．

1) 最早開始日程 (earliest start time = ES_{ij})：その作業を最も早く開始できる日程で，最早結合点日程と一致する．

$$ES_{ij} = t_i^E \tag{5.3}$$

2) 最早終了日程 (earliest finish time = EF_{ij})：その作業を最も早く終了することのできる日程である．

$$EF_{ij} = ES_{ij} + D_{ij} \tag{5.4}$$

3) 最遅終了日程 (latest finish time = LF_{ij})：その作業を遅くとも終了

しなければならない限界の日程で，最遅結合点日程に等しい．

$$LF_{ij} = t_j^L \tag{5.5}$$

4) 最遅開始日程（latest start time = LS_{ij}）：その作業を遅くとも開始しなければならないぎりぎりの日程で，最遅終了日程から作業 (i, j) の所要日数を差し引くことによって求めることができる．この日程より開始が遅れると工期は守れなくなる．

$$LS_{ij} = LF_{ij} - D_{ij} = t_j^L - D_{ij} \tag{5.6}$$

5.2.3 余裕日数とクリティカルパス

表5.1の日程表から明らかなように，余裕のある作業とない作業があることがわかる．図5.12に示すように，最遅開始日程と最早開始日程の差（あるいは最遅終了日程と最早終了日程の差）として定義される**全余裕日数**（**total float：TF**）は，その作業がもつ総余裕日数を表し，その日数以上に作業が遅れれば工期を守ることができなくなる．作業 (i, j) の全余裕日数 TF_{ij} を式で表すと以下のようになる．

$$TF_{ij} = LS_{ij} - ES_{ij} \quad \text{または} \quad LF_{ij} - EF_{ij} \tag{5.7}$$

表 5.1 作業日程表

作業 (i, j)	所要日数	最早日程 開始	最早日程 終了	最遅日程 開始	最遅日程 終了	全余裕 TF	自由余裕 FF	クリティカルパス
(1, 2)	5	0	5	6	11	6	0	
(1, 3)	4	0	4	0	4	0	0	＊
(2, 4)	3	5	8	11	14	6	6	
(3, 4)	10	4	14	4	14	0	0	＊
(3, 5)	9	4	13	5	14	1	1	
(3, 6)	15	4	19	7	22	3	0	
(4, 5)	0	14	14	14	14	0	0	＊
(4, 7)	8	14	22	18	26	4	4	
(5, 7)	12	14	26	14	26	0	0	＊
(6, 7)	4	19	23	22	26	3	3	

＊クリティカルパスを構成する作業

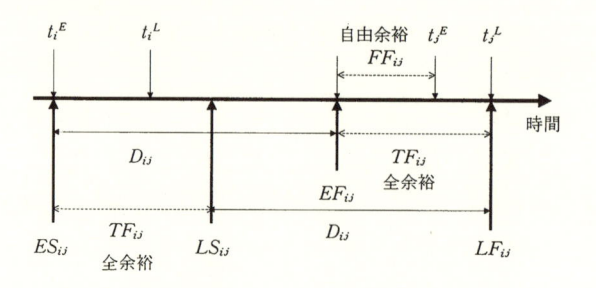

図 5.12　全余裕日数（TF）と自由余裕日数（FF）

　全余裕日数を超えて作業が遅れればプロジェクト全体が遅れることを意味しており，余裕日数としての目安としてはかなり危険度が高い．そこで，もう少し安全度を見込んだ余裕日数を考える．これは後続作業のすべてを最早日程で開始できることを建前とした余裕日数で，**自由余裕日数（free float：FF）** とよばれる．作業 (i, j) の自由余裕日数 FF_{ij} を式で表すと以下のようになる．

$$FF_{ij} = t_j^E - EF_{ij} = t_j^E - (t_i^E + D_{ij}) \tag{5.8}$$

自由余裕日数の範囲内で作業が遅れても，後続の作業の日程にはまったく影響を与えない．

　全余裕日数と自由余裕日数の計算結果を表 5.1 に示す．全余裕日数が 0 になる作業には * が付してある．これらの作業によって構成されるパスはクリティカルパス（**critical path：CP**）とよばれ，最初の結合点から最終結合点に至る経路のうちで時間的にいちばん長い経路で，この経路上にある作業が遅れると，その日数だけプロジェクトの完成が遅くなる．

5.3　日程の短縮とフォローアップ
5.3.1　日程の短縮

　各作業の所要日数の見積りが終了し，プロジェクト全体の所要日数を計算すると，これが指定された工期をオーバーする場合が起こる．このような場合には，指定された期日までにプロジェクトが終了するように，いくつかの作業を短縮しなければならない．そのためには，どの作業をどのくらい短縮すればよいかを知る必要がある．もちろん，余裕をもった工程を短縮することは，プロ

5.3 日程の短縮とフォローアップ 129

ジェクトのコストを高めるだけでむだな労力と資金をつぎ込むことになるが，クリティカルな作業のみを短縮しても目的を達成することができない場合がある．ここでは，以下の例題 5.1 を通して，効率よく短縮すべき作業を探す方法について考えることにする．

例題 5.1 図 5.13 のネットワークに対して日程計算を実施すると，標準状態で 25 日かかる．しかし，25 日では指定された工期をオーバーするので，プロジェクトの完成を 3 日短縮することが必要である．どこの作業をどれぐらい短縮すればよいか．

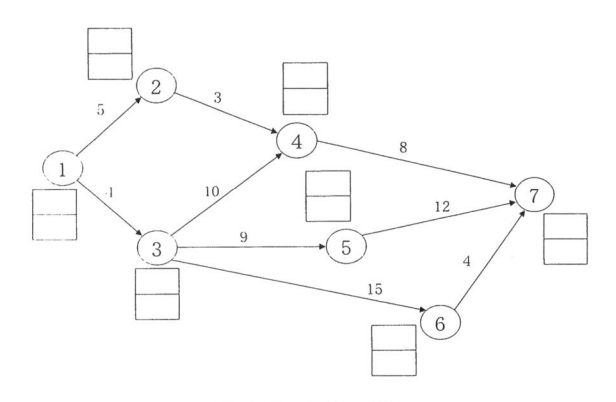

図 5.13 日程の短縮

[解] まず，各作業の全余裕日数とクリティカルパスを求める．この結果を示すと図 5.14(a) のとおりである（括弧の数字は全余裕日数を表す）．ここで，クリティカルパス上の作業を短縮すべきであることは自明である．いま，クリティカルパス上の作業 (3,5) と (5,7) をそれぞれ 1 日と 2 日短縮すると仮定する．

クリティカルパス上の作業をトータルで 3 日短縮することになるので，プロジェクトは指定期日の 22 日までに終了するはずである．しかし，作業 (3,5) と (5,7) をそれぞれ 1 日と 2 日短縮して PERT 計算を実施すると，プロジェクトの完了までに 23 日かかることがわかる（図 5.14(b) 参照）．クリティカルパス上で短縮した 3 日間が有効に活用されていない．クリティカルパスが変更され，短縮前のクリティカルパスに 1 日の余裕が生じてしまう．

この計算例からわかるように，クリティカルパス上の短縮量は，パス③-⑤-⑦と③-⑥-⑦の余裕差分（2 日）しか有効に機能しないことがわかる．したがって，パ

130　5章　工程管理

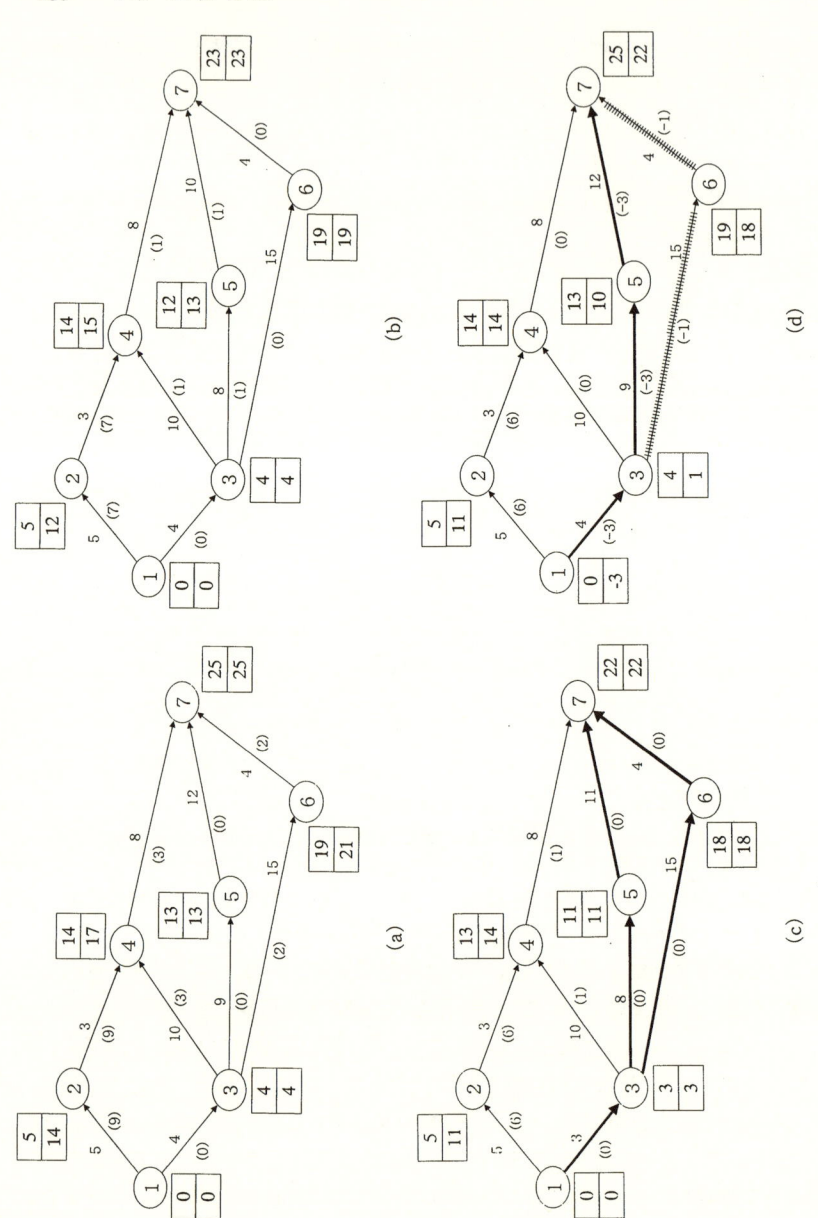

図 5.14　日程の短縮とスーパークリティカルパス

ス③-⑤-⑦上で2日短縮し，クリティカルパス上の他の作業 (1,3) を1日短縮するのが適当である．この結果を図5.14(c)に示す．

この手続きを理解しやすくするために，負の余裕日数を便宜的に導入することにする．プロジェクトの工期が指定された期日をオーバーする場合に，最終結合点の最遅結合点日程を指定期日に設定して，これまでと同じように全余裕日数を計算すると余裕日数が負になる作業が現れる．このように負の余裕日数をもつ作業からなるパスをスーパークリティカルパスまたはリミットパスとよぶ．

本計算例で指定期日を22日に指定してPERT計算を実施すると，図5.14(d)に示すように−3の余裕日数をもつスーパークリティカルパスが現れることがわかる．ほかに−1の余裕日数をもつパスが部分的に存在する．したがって，結合点③から⑦までの間で，2日（負の余裕日数の差）しか短縮できないことがわかる．これらの手順をまとめると以下のようになる．

日程短縮の手順
1) 最終結合点の最遅結合点日程を指定期日にセットし，各結合点の最遅結合点日程を計算する．
2) トータルフロートを計算し，負のトータルフロート（スーパークリティカルパス上のトータルフロートが最も小さい）が現れる作業を明らかにする．
3) スーパークリティカルパス上の作業の短縮を考えるが，スーパークリティカルパス以外で負のトータルフロートをもった経路にも注意する必要がある．なぜならば，スーパークリティカルパス上で対応しても，今度は相対的に他の経路が長くなってしまうからである．

（注）短縮すべき作業の選択にあたっては，過去の経験と勘を生かすと同時に，縮めやすくコスト的に有利な作業を選べばよい．

5.3.2　フォローアップ

計画には，計画を立てる際に予測できなかった不安定で，不確実な要因がついている．また，当初の計画で安定していると考えられたものが計画が進行する過程で不安定になり，計画を狂わせることがある．したがって，作業の進行過程では，計画の内容に変更があるときはもちろん，変更がなくとも適当な時期をみて計画が計画どおり進行しているかどうかをフォローアップ（follow-up）（計画の追跡，再検討）する必要がある．

いま，当初に立てたプラン（図5.15(a)）に従ってプロジェクトが進行中

132   5章 工程管理

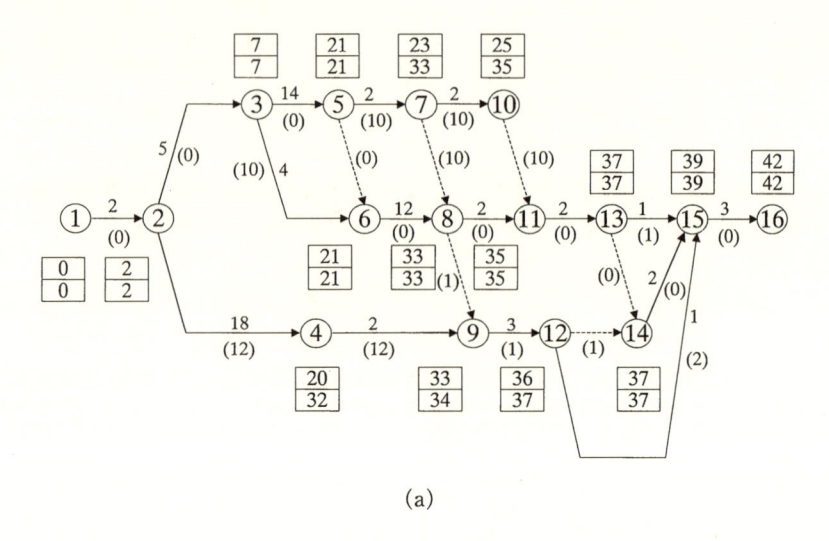

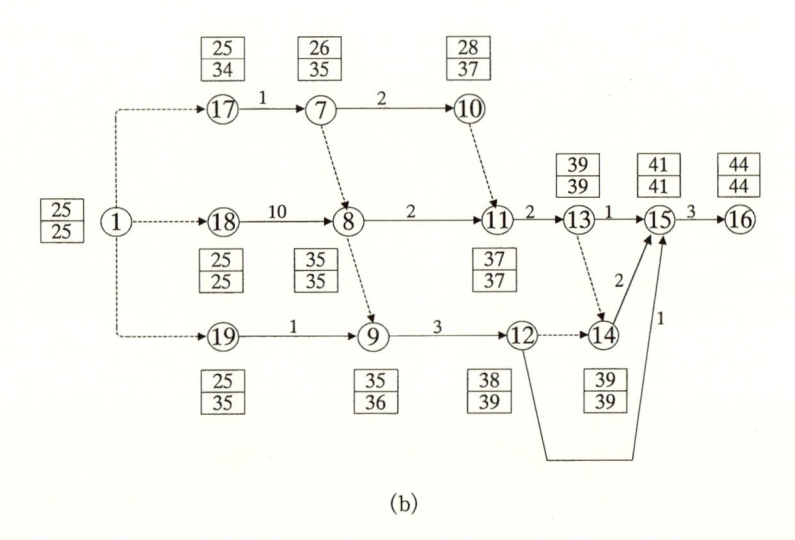

(a)

(b)

図 5.15 フォ

であるとする．着手後 25 日経過した時点で，プロジェクトの進捗状況をチェックすることにする．作業 (1,2), (2,3), (2,4), (3,6) はすでに終了し，作業 (4,9), (5,7), (6,8) は工事の途中で，それぞれ 1 日，1 日，10 日の作業

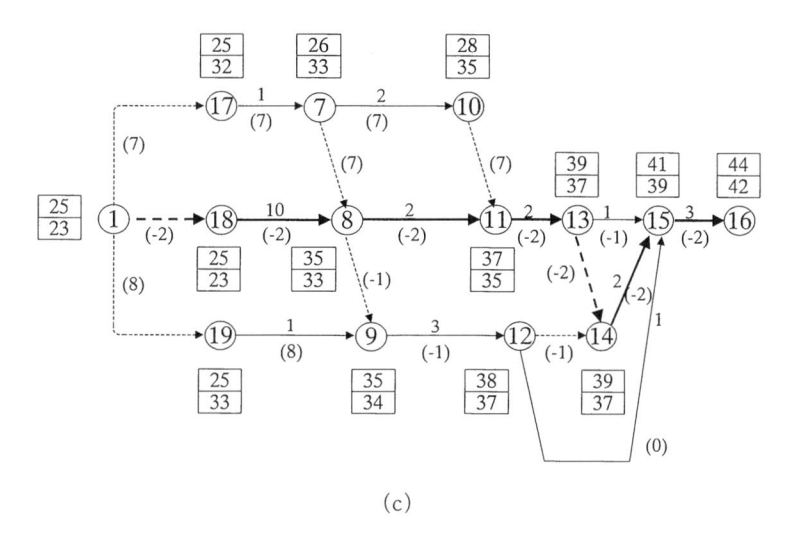

5.3 日程の短縮とフォローアップ 133

(c)

作業 (18, 8) と (15, 16) を
1 日ずつ短縮した場合

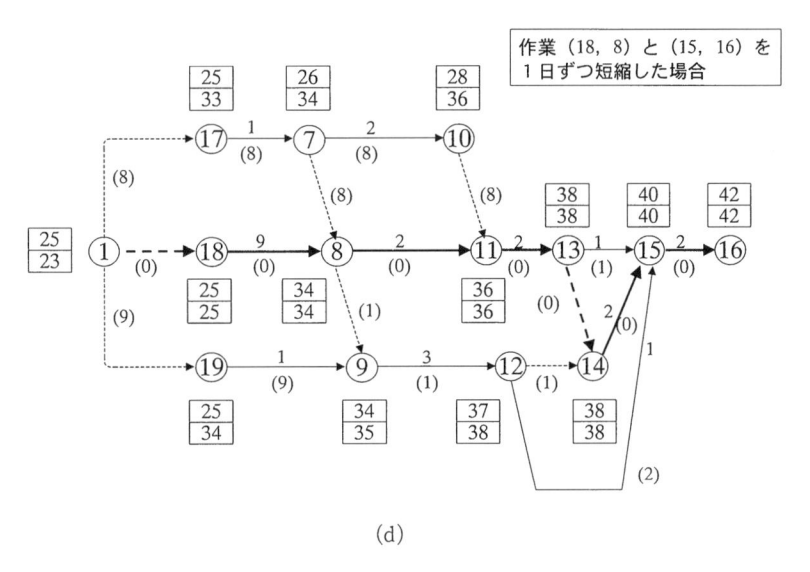

(d)

ローアップ

が残っているとする．このプロジェクトは当初の計画どおり進行しているのだろうか．

　理解を容易にするために，図5.15(a)のネットワークから，すでに終了し

ている作業を削除したネットワーク作成する(図5.15(b))．図(b)のネットワークを対象にして PERT 計算を実施すると，プロジェクトの完成まであと19日かかり，期限までに完了しないことがわかる．指定された期日までに完了するためには，5.3.1項で説明した手順に従って，クリティカルパス上の作業を適切に選択して，トータルで2日短縮しなければならない．

本例題を対象にして短縮計算を実施すると，図5.15(c),(d)のようになる．

5.4 3点見積り PERT

これまでは，各作業の所要日数が確定値であると仮定して日程計算を進めてきたが，所要日数を確定値として扱うことが非常に困難な場合がある．この場合には，楽観値，最可能値，悲観値の3点から所要日数を見積もる．ここで，楽観値，最可能値，悲観値は，以下のように定義される．

1) 楽観値 (optimistic time : a_{ij})：すべてが順調に進行した場合の所要日数である．

2) 最可能値 (most-likely time : m_{ij})：同一条件下で，その作業を繰り返した場合に，最も起こる頻度の高い所要日数である．

3) 悲観値 (pessimistic time : b_{ij})：楽観値とは反対に悪条件が重なって，すべてがうまくいかなかった場合の所要日数である．

この方法は，ポラリスミサイル計画など大規模な研究開発計画に使われて有名になった．しかし，実際の問題に直面して，どちらを採用すべきかはプロジェクトの性格にもより一概にはいえない．過去の実績や経験に基づいて各アクティビティの所要日数を正確に見積もることができる場合は一点見積りを用いるのが望ましい．しかし，過去に経験のないような開発計画や試験計画では，本質的に不確定な所要日数をもつ作業が現れるので，3点見積りを用いるのが望ましい．

(1) 作業日数の期待値と分散

一つの作業が多数回繰り返された場合の所要時間の分布として，一般に図5.16に示すような分布形が用いられている．ポラリスミサイル計画の場合には，この分布曲線にベーター分布が使用された．だが，ベーター分布がポラリスミサイル計画の場合に妥当性があったからといって，いつでも適用できるわ

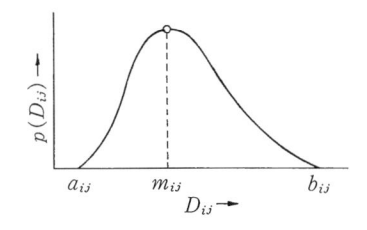

図 5.16 作業の所要時間の分布

けではないが，この分布曲線が一般に用いられている．

ベーター分布の期待値（平均値）と分散は，次式に示すように見積もられた楽観値（a），最可能値（m），悲観値（b）によって決まる．

$$D = \frac{a + 4m + b}{6}, \quad \sigma^2 = \left(\frac{b-a}{6}\right)^2 \tag{5.9}$$

（2） 平均値と分散の加法性

1） 平均値：変数 $X_1, X_2, \cdots, X_n$ が確率的に変動するとき，確率変数の一次結合の期待値は，各変数の期待値の一次結合に等しい．これを式で表すと以下のようになる．

$$E(a_1 X_1 + a_2 X_2 + \cdots + a_n X_n) = a_1 E(X_1) + a_2 E(X_2) + \cdots + a_n E(X_n) \tag{5.10}$$

2） 分散：さらに，確率変数 $X_1, X_2, \cdots, X_n$ が独立であるとき，変数 $X_1, X_2, \cdots, X_n$ の一次結合の分散は，次式で表されるように各変数の分散の一次結合に等しくなる．

$$V(a_1 X_1 + a_2 X_2 + \cdots + a_n X_n) = a_1^2 V(X_1) + a_2^2 V(X_2) + \cdots + a_n^2 V(X_n) \tag{5.11}$$

（3） 中心極限定理

個々の事象の分布がどんなであっても，それらを重ね合わせていくと，しだいに個々の分布のもつ特徴が消えて正規分布に収束するようになる．n 個の作業が直列につながっている場合の所要日数 $X (= X_1 + X_2 + \cdots + X_n)$ の分布は，n が大きくなると平均値 $\mu (= \mu_1 + \mu_2 + \cdots + \mu_n)$，分散 $\sigma^2 (= \sigma_1^2 + \sigma_2^2 + \cdots + \sigma_n^2)$ の正規分布 $N(\mu, \sigma^2)$ に収束する．

（4） 正規分布 $N(\mu, \sigma^2)$ の確率密度関数

確率変数 X が正規分布に従うとき，変数 X の確率密度関数は次式のように表される．

$$f_x(x) = \frac{1}{\sigma\sqrt{2\pi}} \exp\left[-\frac{1}{2}\left(\frac{x-\mu}{\sigma}\right)^2\right] \quad -\infty < X < \infty \quad (5.12)$$

ここで，パラメータ μ, σ は平均値と標準偏差を表す．

$$E(X) = \mu, \quad V(X) = \sigma^2 \tag{5.13}$$

（5） 正規分布の規準化

確率変数 X が $N(\mu, \sigma^2)$ に従うとき，$Z = (X - \mu)/\sigma$ は平均 0，分散 1 の標準正規分布 $N(0, 1)$ に従う（図 5.17 参照）．

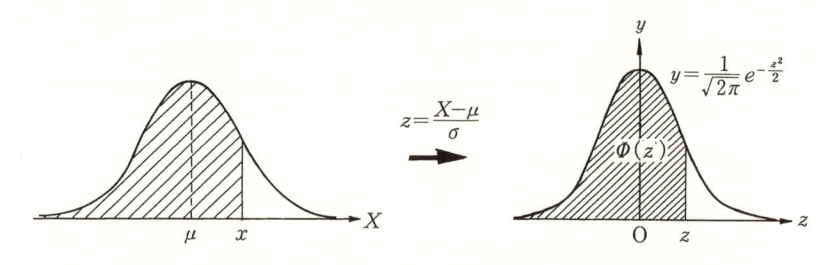

図 5.17　正規分布の基準化

（6） 3 点見積り PERT の手順

STEP 1：各作業の 3 点見積り a, m, b をもとに作業の所要日数の平均値 D および分散 σ^2 を計算する．

STEP 2：平均値 D を PERT 計算の際の D_{ij} とみなして，最早結合点日程 t_i^E を求める．また，分散の加法性を利用して t_i^E の分散 V_i を計算する．

（7） 予定工期が実現できる可能性

完了時点の分布がわかると，それをもとにプロジェクトが予定工期 (x_0) までに完了する可能性を調べることができる．プロジェクトが予定工期までに終了する確率 $\Phi(x_0)\left(= \int_{-\infty}^{x_0} f_x(x)dx\right)$ は，標準正規分布表 $(\Phi(z_0))$ を用いて求めることができる．

$$\Phi(x_0) = \Phi(z_0) = \int_{-\infty}^{z_0} f_z(z)dz \quad \left(z_0 = \frac{x_0 - \mu}{\sigma}\right) \tag{5.14}$$

例題 5.2　図 5.18 のネットワークに関して，表 5.2 のように各作業の 3 点見積りができたと仮定して，次の問に答えよ．

5.4 3点見積り PERT　137

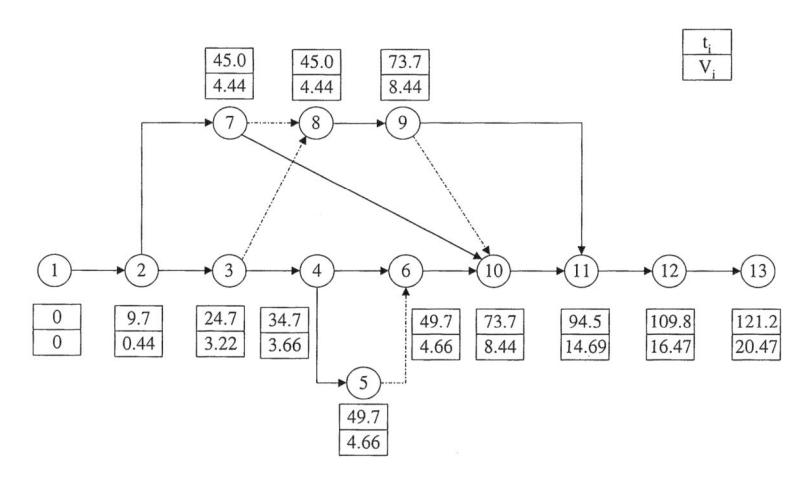

```
       ┌────┐ ┌────┐ ┌────┐                    ┌──┐
       │45.0│ │45.0│ │73.7│                    │t_i│
       │4.44│ │4.44│ │8.44│                    │V_i│
       └────┘ └────┘ └────┘                    └──┘
          ⑦──────⑧──────⑨
```

(ネットワーク図: ①→②→③→④→⑥→⑩→⑪→⑫→⑬、分岐: ②→⑦、④→⑤、⑤→⑥、⑦→⑧→⑨→⑩、⑨→⑪)

結合点	0	9.7	24.7	34.7	49.7	73.7	94.5	109.8	121.2
	0	0.44	3.22	3.66	4.66	8.44	14.69	16.47	20.47

⑤ 49.7 / 4.66

図 5.18　予定工期の実現可能

表 5.2　結合点日程の平均値と分散

i	作業 (i, j)	3点見積り			指定期日	平均 D_{ij}	分散 σ_{ij}^2	結合点日程の平均値 t_i	結合点日程の分散 V_i	確率 P_i
1	(1, 2)	7	10	11		9.67	0.44	0	0	
2	(2, 3) (2, 7)	10 30	15 35	20 42		15.00 35.33	2.78 4.00	9.67	0.44	
3	(3, 4) (3, 8)	8 0	10 0	12 0		10.00 0	0.44 0	24.67	3.22	
4	(4, 5) (4, 6)	12 10	15 10	18 10		15.00 10.00	1.00 0	34.67	3.66	
5	(5, 6)	0	0	0		0	0	49.67	4.66	
6	(6, 10)	12	15	18		15.00	1.00	49.67	4.66	
7	(7, 8) (7, 10)	0 5	0 5	0 5		0 5.00	0 0	45.00	4.44	
8	(8, 9)	20	30	32		28.67	4.00	45.00	4.44	
9	(9, 10) (9, 11)	0 5	0 5	0 5		0 5.00	0 0	73.67	8.44	
10	(10, 11)	15	20	30		20.83	6.25	73.67	8.44	
11	(11, 12)	12	15	20	96	15.33	1.78	94.50	14.69	0.60
12	(12, 13)	8	10	20		11.33	4.0	109.83	16.47	
13					115			121.16	20.47	0.06

1) 最終時点の日程の平均値および分散を求めよ．
2) 納期は115日である．これは守れるだろうか．115日で終わる確率を求めよ．
3) 結合点⑪は96日までに完了したい．その可能性を検討せよ（終わる確率）．

[解] 1) 各結合点の日程の平均値と分散を示すと，表5.2のとおりである．
2) 完了時点の日程は，平均 $t_{13} = 121.2$，分散 $V_{13} = 20.47$（標準偏差 $\sigma_{13} = \sqrt{V_{13}} = \sqrt{20.47} = 4.52$）の正規分布に従う．このプロジェクトが115日で完了する確率は，$\Phi\left(\dfrac{115 - 121.2}{4.52}\right) = \Phi(-1.372) = 0.087$ となる．したがって，このプロジェクトを115日で完了させることはきわめて困難であることがわかる．
3) 結合点⑪の日程は，平均94.5，標準偏差3.83の正規分布に従う．したがって，結合点⑪が96日までに完了する確率は，$\Phi\left(\dfrac{96 - 94.5}{3.83}\right) = \Phi(0.391) = 0.652$ となる．

5.5 品質管理

5.5.1 概説

土木構造物の特徴は，現地単品生産の製造物であることである．刻々変化する自然環境下での作業の積み重ねにより完成する構造物の品質を保証するためには，製造過程で前節の工程管理のほか，安全管理，原価管理，出来高管理，計測管理などのさまざまな管理が要求される．本節では品質管理について説明する．

（1） 品質管理の目的

品質管理の目的は，施工対象構造物を設計図や施工仕様書に定められた規格を満たし，かつ最も経済的に施工することである．管理を行うには状況の把握が不可欠であり，このために試験，検査，調査などが実施される．これらの結果を整理して意味のある結論を引き出すには科学的処理，すなわち統計的手法の適用が必要となる．

（2） 品質管理の手順

品質管理の手順は図5.19に示すような循環システムを構成している．これは試験，検査，調査結果を施工管理へフィードバックするためであり，施工に

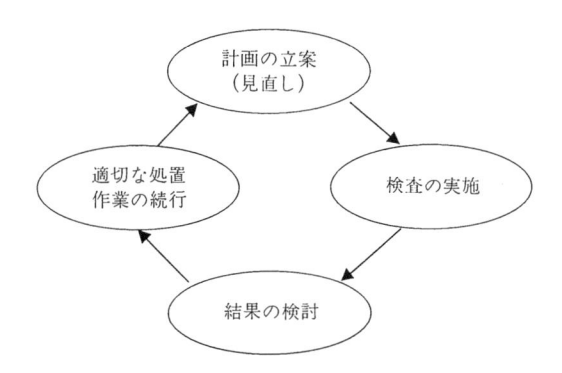

図 5.19　品質管理の循環システム

携わる各部門間で組織的に行われて，はじめて品質管理の目的が達成される．

　1）　計画の立案：施工対象構造物に要求されている品質規格（設計図書，仕様書，特記仕様書など）を調べ，要求されている品質を確保するために利用する品質特性（管理項目）とその品質標準（品質目標）を決定する．これに引き続いて必要な作業標準を定める．計画は"品質と作業の標準化"と言い換えることができるが，先に述べたように計画は循環システムを構成する段階の一つであり，検査結果により見直されることもある．したがって，ここで定めた計画内容は流動的なものと認識しておくべきである．

　品質特性は対象構造物の最終品質に大きな影響をもつ指標であることは当然であるが，測定が容易で早期に結果が判定できる指標を選定する．表 5.3 に品質特性の一例を示す．

　品質標準は品質特性のばらつきの程度を考慮して決定するが，過大な標準を設定すると工程の進捗に影響を及ぼすこともあり，必要な品質が確保できる範囲で余裕をもたせた品質標準とすべきである．

　作業標準は，設定した品質標準を達成するための作業の方法を具体的に定めたものである．たとえば，選定した品質特性を調べるための試験を作業のどの段階でどの程度の頻度で行うかなどを定める．

　2）　検査の実施：作業標準にしたがって作業を実施する．品質管理は組織的に行うものであるから，作業標準を組織内に周知徹底することが必要である．

　3）　結果の検討：作業結果および作業過程をチェックする．作業結果につ

表 5.3　品質特性の一例

工　種		品 質 特 性	試 験 方 法
土　工	材　料	最大乾燥密度・最適含水比 粒度 自然含水比 液性限界 塑性限界 透水係数 圧密係数	締固め試験 粒度試験 含水比試験 液性限界試験 塑性限界試験 透水試験 圧密試験
	施　工	施工含水比 締固め度 CBR たわみ量 支持力値 N 値 コーン指数	含水比試験 現場密度の測定 現場 CBR 試験 たわみ量測定 平板載荷試験 標準貫入試験 コーン貫入試験
路　盤　工	材　料	粒度 含水比 塑性指数 最大乾燥密度・最適含水比 CBR	ふるい分け試験 含水比試験 液性限界・塑性限界試験 締固め試験 修正 CBR 試験
	施　工	締固め度 支持力	現場密度の測定 平板載荷試験
コンクリート工	骨　材	比重および吸水率 粒度（細骨材，粗骨材） 単位容積質量 すり減り減量（粗骨材） 表面水量（細骨材） 安定性	比重および吸水率試験 ふるい分け試験 単位容積質量試験 すり減り試験 表面水率試験 安定性試験
	施　工	単位容積質量 混合割合 スランプ 空気量 圧縮強度 曲げ強度	単位容積質量試験 洗い分析試験 スランプ試験 空気量試験 圧縮強度試験 曲げ強度試験
	材　料	骨材の比重および吸水率 粒度 単位容積質量 すり減り減量 軟石量	比重および吸水率試験 ふるい分け試験 単位容積質量試験 すり減り試験 軟石量試験

アスファルト舗装工	プラント	針入度 伸度 混合温度 アスファルト量・粒度	針入度試験 伸度試験 温度測定 アスファルト抽出試験・ふるい分け試験または粒度試験
	施工	敷均し温度 安定度 厚さ 平坦性 締固め度	温度測定 マーシャル安定試験 コア採取による試験 平坦性測定 コア採取による密度測定

(土木施工管理技術研究会,土木施工管理技術テキスト 施工管理編(改訂第5版), p.276, 表4.1, 地域開発研究所 (1998))

いては品質特性が品質標準を満たしているかどうかを確かめる.ここではヒストグラムが利用される.また,作業過程については管理図を利用して工程が安定しているかどうかを確かめる.

4) 適切な処置:作業結果(品質特性の管理)と作業過程(工程の安定管理)のチェックを受けて,異常が生じていると判断された場合,その原因を究明し適切な処置を行う.作業の進捗に伴ってデータが追加,蓄積されていくことから,当初定めた計画(特に品質規準)の見直しも可能となる.問題がなければ作業を続行する.

5.5.2 統計量

管理対象とした品質特性を評価できる試験,検査,調査を行って逐次測定値(データ)が得られるが,品質の変動を把握し,その良否を判断するためには統計的処理が必要となる.統計量(測定値の分布を量的に示した数値)として一般に次の諸量が用いられる.

測定値の総数を n とし,それぞれの測定値の値が x_1, x_2, $\cdots$, x_i, $\cdots$, x_n であるとする.

(1) 測定値の中心的な値を表す統計量

1) 平均値($\bar{x}$):平均値は次式で与えられる.

$$\bar{x} = \frac{x_1 + x_2 + \cdots + x_n}{n} = \frac{1}{n}\sum_{i=1}^{n} x_i \tag{5.15}$$

2) メジアン(M,中央値):中央値は測定値のちょうど中央にある値で

ある．測定値を大きさの順に並べ，n が奇数の場合には順番がちょうど真ん中に位置する測定値の値が，n が偶数の場合には中央の二つの測定値の単純平均値が中央値となる．

3) モード（$\tilde{x}$，最頻度）：モードは度数分布表で最も度数の多いところの測定値の値である．測定値の分布により複数のモードをもつ場合もある．

（2） 測定値のばらつきを表す統計量

1) レンジ（R）：レンジは測定値の中の最大値（$x_{\max}$）と最小値（$x_{\min}$）の差で与えられる．

$$R = x_{\max} - x_{\min} \tag{5.16}$$

2) 分散（s^2）：次式で与えられる残差平方和 S を n で除したものである．

$$S = \sum_{i=1}^{n}(x_i - \bar{x})^2 \tag{5.17}$$

$$s^2 = \frac{S}{n} \tag{5.18}$$

3) 標準偏差（s）：標準偏差は分散の平方根として求められ，ばらつきを表す量として最も頻繁に利用される．

$$s = \sqrt{s^2} = \sqrt{S/n} \tag{5.19}$$

4) 変動係数（CV）：変動係数は平均値に対する標準偏差の百分率で与えられ，測定値の相対的なばらつきの程度を示す量である．

$$CV = \frac{s}{\bar{x}} \times 100 \tag{5.20}$$

5) 不偏分散（V）：不偏分散は残差平方和 S を $(n-1)$ で除したものであり，次式で与えられる．

$$V = \frac{S}{n-1} \tag{5.21}$$

6) 不偏分散の平方根（$\hat{\sigma}$）：母集団の標準偏差の推定値として利用される．

$$\hat{\sigma} = \sqrt{V} \tag{5.22}$$

5.5.3 ヒストグラムによる判定

ヒストグラムは測定値の分布を表現する方法の一つである．測定値がとる値の範囲をいくつかの区間（階級）に分け，その区間に入る測定値の個数（度

数) を数える.得られた階級別の度数分布を表で表したものを**度数分布表**といい,横軸に品質特性の測定値を,縦軸に度数をとって柱状もしくは棒グラフで表したものを**ヒストグラム**という.各区間の中間値を階級値とよび,区間内に入る値を階級値で代表させる.

作成したヒストグラムから,測定値の分布状態,ばらつき状態,統計的な分布の性質を知ることができる.品質特性の測定は建設工事の進捗に合わせて経時的に行われる.しかしながらヒストグラムからは品質特性の時間的変動を把握することはできない.この場合には横軸に時間経過を,縦軸に品質特性の測定値をとって品質の時間的変動をグラフ化した工程能力図を作成して品質規格を管理する.

(1) 分布状態のチェック

ヒストグラムの各区間の中間値を結ぶことにより形成される包絡線を**度数分布曲線**とよぶ.つりがね形の度数分布曲線が分布状態としては理想的である.山の形がどちらか一方に歪んだ分布,山が複数あるような分布,裾がなく端部が切れた分布,一部が突き出した分布,離れ島があるような分布などは不良分布であり対策を講じることとなる.

(2) 品質規格のチェック

分布がゆとりをもって品質の規格値を満足しているかどうかを調べる.統計量として平均値 ($\bar{x}$) および標準偏差の推定値 ($\hat{\sigma}$) を度数分布表から求め利用する.

規格値として上限規格値 (S_U) と下限規格値 (S_L) を設定した両側規格の品質管理を行う場合,

$$\frac{|S_U - \bar{x}|}{\hat{\sigma}} \geq 3 \text{ (できれば 4) かつ } \frac{|S_L - \bar{x}|}{\hat{\sigma}} \geq 3 \text{ (できれば 4)} \tag{5.23}$$

を満たしていれば十分ゆとりをもって規格を満たしていると判断する.一方,規格値として上限規格値 (S_U) もしくは下限規格値 (S_L) のいずれかを設定した片側規格の品質管理を行う場合,

$$\frac{|S_U - \bar{x}|}{\hat{\sigma}} \geq 3 \text{ (できれば 4) または } \frac{|S_L - \bar{x}|}{\hat{\sigma}} \geq 3 \text{ (できれば 4)} \tag{5.24}$$

を満たしていれば十分ゆとりをもって規格を満たしていると判断する．

ばらつきの指標である $\hat{\sigma}$ の3～4倍の規格値のところにあればゆとりがあると判断する．

（3） $\hat{\sigma}$ の算出について

標準偏差の推定値（$\hat{\sigma}$）は，全測定値が不明で一部の測定値から標準偏差を推定したものであり，次式で与えられる．

$$\hat{\sigma} = \frac{\sqrt{V}}{C} \tag{5.25}$$

ここに，C は測定値の数を N に応じて確率的に求まる係数である．表5.4に係数 C の値を示す．

表 5.4 係数 C の値

N	2	3	4	5	6	7	8	9	10
C	0.85	0.89	0.92	0.94	0.95	0.96	0.97	0.97	0.97

係数 C の値は N が大きくなるにつれて1に近づいていき，一般に $N \geqq 30$ の場合，$C = 1$ と考えてよい．

これは得られた測定値を全体（母集団）と考えるか，全体の一部（標本）と考えるかのデータの取り扱いの考え方に起因した処理である．得られたデータを母集団と考えれば標準偏差を推定する必要はなく，直接標準偏差（σ）が求められる．したがって，判定式中の $\hat{\sigma}$ の代わりに標準偏差（σ）を用いることになる．データ数が多くなると標本数は母集団のデータ総数に近づくわけであるから係数 C が1に漸近することは容易に理解できる．

偶然の原因のみによるばらつきを含む測定値の度数分布曲線は，左右対称のつりがね状の正規分布曲線になる．平均が μ で標準偏差が σ である正規分布の場合，測定値が $\mu \pm \sigma$ 範囲内に入る確率は68.26%であり，$\mu \pm 3\sigma$ 範囲内に入る確率は99.73%である．したがって，式（5.23）の管理式でゆとりが評価されることが理解できる．

5.5.4 管理図による判定

ヒストグラムは品質の規格値を管理する方法であり，品質をつくりだす工程

の管理は行えない．工程の管理（工程の安定を判定する）を行うために管理図が用いられる．品質管理はこの二つの管理を独立して行って達成される．

(1) 管理図の種類

選定した管理項目を計測して得られる値には，連続的な値（計量値）と離散的な値（計数値）がある．測定値がいずれの分類に相当するかで統計的な取り扱いが異なる．これは確率論で確率変数が離散変数であるか連続変数であるかで確率分布の取り扱いが異なることに由来する．

1) $\bar{x}$ 管理図（計量値対応）：計測値を群分けし，各群の平均値 $\bar{x}$ だけで管理するもので，平均値の変動を監視するために用いられる．

2) R 管理図（計量値対応）：計測値を群分けし，各群のレンジ R だけで管理するもので，変動の幅やばらつきの変化を監視するために用いられる．

3) $\bar{x}$-R 管理図（計量値対応）：$\bar{x}$ 管理と R 管理を同時に行う管理図である．すなわち，計測値を群分けし，各群の平均値 $\bar{x}$ とレンジ R で管理するもので，工程の変化を監視するために用いられる最も基本的で一般的な管理図である．

4) x-R_s-R_m 管理図（計量値対応）：多くの計測値が得られておらず，$\bar{x}$-R 管理が行えない場合に用いられる管理図である．x は個々の計測値，R_s は時系列で並べた計測値の相隣る計測値の差の絶対値，R_m は同時に測定した m 個の計測値のレンジ R である．ばらつきはもとより計測誤差の変化をも監視できる．

5) p 管理図，p_n 管理図（計数値対応）：大量生産品の製品ロットから無作為に n 個のサンプルを抜き取り，このサンプル中にある不良品の割合や数からロットの品質を管理するものである．p は不良率であり，p_n は不良品の数 ($p \times n$) である．

6) C 管理図，U 管理図（計数値対応）：この管理図では欠点数を指標として製品の品質管理を行うものである．C 管理図はサンプルの大きさが一定の場合に，U 管理図はサンプルの大きさが一定でない場合に用いられる．両者は，欠点の割合を指標とするのか欠点数を指標とするのかという，用いる指標の違いである．

5.5.1 項の概説で述べたように，現地単品生産の構造物の施工を対象とする

場合，製造過程で不良が生じないように品質を管理する必要がある．したがって，土木施工の分野では計量値を用いた管理図による品質管理が主体となる．

（2）管理限界線

製造工程の異常を判定する基準を管理限界線とよぶ．ばらつきは管理中心線（CL）を規準に大きくなったり小さくなったりする変動であるから，上限管理限界線（UCL）と下限管理限界線（LCL）の2本を設定する．管理限界線は群分けした計測値群の平均値（$\bar{x}$）の総平均（$\bar{\bar{x}}$）とレンジの総平均（$\bar{R}$）を用いて次式で与えられる．

1）$\bar{x}$ 管理

$$\left. \begin{array}{l} CL = \bar{\bar{x}} \\ UCL = \bar{\bar{x}} + A_2 \times \bar{R} \\ LCL = \bar{\bar{x}} - A_2 \times \bar{R} \end{array} \right\} \quad (5.26)$$

ここに，A_2 は群を構成する計測値の数 n により決まる確率定数である．

2）R 管理

$$\left. \begin{array}{l} CL = \bar{R} \\ UCL = D_4 \times \bar{R} \\ LCL = D_3 \times \bar{R} \end{array} \right\} \quad (5.27)$$

ここに，D_3，D_4 は群を構成する計測値の数 n により決まる確率定数である．表5.5に管理限界線を計算するために必要な確率定数を示す．

表 5.5 管理図係数表

n	2	3	4	5	6	7	8	9	10
A_2	1.880	1.023	0.729	0.577	0.483	0.419	0.373	0.337	0.308
D_3	—	—	—	—	—	0.076	0.136	0.184	0.223
D_4	3.267	2.575	2.282	2.115	2.004	1.924	1.864	1.816	1.777

（注）確率定数は 3σ を危険限界として算出している．

一般に群分けは時間順，測定順，ロット順に従って行われ，$n = 2 \sim 5$ 個程度である．$n \leqq 6$ の場合，R 管理では下限管理限界線による下限管理は行わない．

（3）工程管理のチェック

ばらつきが偶然の原因だけであれば，管理特性値の平均は CL を外れるこ

となく推移していくはずである．工程に何らかの異常が発生すると管理特性値の平均が変動する．工程の管理は管理特性値の平均の変動に注目して行うことになる．

変動が管理限界内におさまっていることが，工程の安定判定の最低条件である．管理限界を超えた変動は工程に異常が生じたことを示しており，原因を究明し改善措置をとらなければならない．変動が管理限界内で片寄りや周期性などのある種の傾向をもって変動したり，管理限界線に近接することがある．この場合も原因を調査し，改善措置を講じることとなる．

1）点が CL の片方に連続して現れる場合：片方に連続して点が並ぶことを"連"とよび，連続する点の数で対応レベルが異なる．5連で意識，6連で原因調査，7連で改善処置の対応をとる．

2）点が CL の一方の側に多く現れる場合：工程に異常が起こっている可能性が高く，原因調査レベルは出現率（n/N）が次の四つの判定規準に該当する場合である．ここに，N は対象とする連続する点の総数であり，n は一方に現れる点の総数である．

① $\frac{n}{N} \geq \frac{10}{11}$ の場合

② $\frac{n}{N} \geq \frac{12}{14}$ の場合

③ $\frac{n}{N} \geq \frac{14}{17}$ の場合

④ $\frac{n}{N} \geq \frac{16}{20}$ の場合

3）点が順次上昇または下降する場合：一般に，点が連続して7点上昇または下降する傾向を示す場合を判定基準とし，原因究明と改善処置をとる．しかしながら，連となって現れることが多いのが現実であり，7点目を待つことなく点が管理限界に近接すれば改善処置をとることとなる．群の大きさが一定でないと，$\bar{x}$-R 管理図の管理限界線が部分的に凹凸を呈することになる．この場合には，この判断基準を適用することは危険である．

4）点が管理限界線に接近して現れる場合：管理限界線は 3σ を危険限界として設定している．管理限界線への接近度の評価は，別途 2σ を危険限界と

する警戒限界線を設定して行う．警戒限界線の計算法は確率定数が異なるだけで管理限界線と同じである．判定基準は次の三つである．
① 連続3点のうち，2点以上が上下限警戒限界線を超えている場合
② 連続7点のうち，3点以上が上下限警戒限界線を超えている場合
③ 連続10点のうち，4点以上が上下限警戒限界線を超えている場合
　このような傾向が見られる場合は，特にRの変動に注目し，群内あるいは群間のばらつきの変化を調べることで原因究明が容易になる．
　5) 点が周期的な変動をもつ場合：周期的な変動傾向には階段状を呈するものと波状を呈するものとがある．さらに異なった周期の波状が重ね合わさった変動傾向を示す場合もある．一般には前述の連あるいは傾向の判断基準を適用して判定が行われる．

(4) 改善処置
　工程に異常があり，管理されていない状態と判定された場合，次の手順で原因の究明と改善処置がとられる．
　1) 処理方法の点検：群分け，データのとり方，試料のとり方，計算の誤り，打点のし方などを点検する．
　2) 原因究明：品質特性に影響する要因の洗い出し，作業報告書との照合，層別分析，分散分析，異なる管理図の適用などを適宜実施し，異常の原因を調べる．
　3) 適切な処置：原因を取り除き，安定した工程へ復旧するとともに，再発が起こらないような対策を必ず講じる．

[例題 5.3] ある砂防ダムの建設工事において，品質特性としてコンクリートの圧縮強度（設計規準強度 f_{ck} は 16 N/mm²）を選定し，品質管理を行って

表 5.6　コンクリートの圧縮強度の測定値 [N/mm²]

18.0	19.3	18.6	18.1	18.8	18.8	19.2	18.6	19.5
18.2	19.1	18.7	17.7	19.1	19.1	18.9	17.2	19.4
18.3	18.7	19.1	16.9	19.0	18.6	18.6	18.1	20.1
18.7	19.1	**16.6**	19.2	18.9	18.8	**20.9**	18.9	20.1
18.4	18.7	17.7	19.4	17.4	18.4	20.6	20.1	19.9
19.7	19.6	17.8	18.5	18.2	19.0	19.7	18.8	20.6

いる．これまでに表 5.6 に示すような，材齢 28 日圧縮強度の測定値が全部で 54 個得られたとする．ヒストグラムと管理図を作成し，品質特性の管理状態と工程の安定性を判定せよ．

【解】 必要な統計量を求めれば，次のような値が得られる．
$n = 54$, $\bar{x} = 18.8$, $S = 41.4$, $s = 0.875$, $V = 0.781$
$n = 54 > 30$ より $C = 1$, $\hat{\sigma} = 0.884$

(a) ヒストグラムの作成

1) 最大値と最小値を求め，レンジを求める．
  表 5.6 より，$x_{max} = 20.9$, $x_{min} = 16.6$ であるから，
  $$R = x_{max} - x_{min} = 20.9 - 16.6 = 4.3$$
  を得る．

2) 階級の幅を定める．
  ここではレンジの 10 等分の値を目安に階級幅を定める．
  $R/10 = 4.3/10 = 0.43$ より，0.4 を階級幅とする．

3) 測定値の度数分布表を作成する．

表 5.7 測定値の度数分布表

階級番号	階級の限界	階級値	測定値の割振	度数
1	16.4〜16.8	16.6	/	1
2	16.8〜17.2	17.0	/	1
3	17.2〜17.6	17.4	//	2
4	17.6〜18.0	17.8	////	4
5	18.0〜18.4	18.2	卌 /	6
6	18.4〜18.8	18.6	卌 卌 /	11
7	18.8〜19.2	19.0	卌 卌 ////	14
8	19.2〜19.6	19.4	卌 /	6
9	19.6〜20.0	19.8	///	3
10	20.0〜20.4	20.2	///	3
11	20.4〜20.8	20.6	//	2
12	20.8〜21.2	21.0	/	1

4) ヒストグラムを作成する．
  度数分布表をもとに作成したヒストグラムを図 5.20 に示す．

5) 上，下限規格値を加筆する．

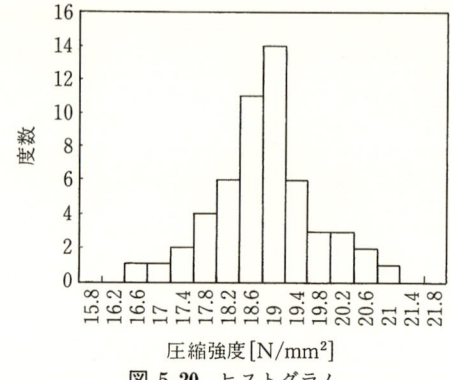

図 5.20 ヒストグラム

コンクリートの設計規準強度 f'_{ck} が 16 N/mm² であることから，圧縮強度は 16 N/mm² の強度を下回ることは絶対に許されない．この場合，片側規格値 S_L だけを設定し，これを 16 N/mm² にとれば，

$$\frac{|S_L - \bar{x}|}{\hat{\sigma}} = \frac{|16.0 - 18.8|}{0.884} = 3.17 \geqq 3$$

となる．

6) 判定

品質特性（コンクリートの圧縮強度）はゆとりをもって規格値を満足していると判断される．

ヒストグラムによる品質管理は選定した品質特性が品質規格を満たしているかを管理するもので，品質をつくりだす工程を管理するものではない．本例では配合強度 f'_{cr} を 21.1 N/mm² として配合設計を行っている．$\bar{x} = 18.8$ は期待どおりの強度が得られていないことになるが，これはコンクリートの製造者の工程管理の問題として取り扱うことになる．

(b) $\bar{x} - R$ 管理図の作成

表 5.6 に示した測定値において，バッチを試料番号に，3 本の供試体の試験値を 1 群として管理限界線を求める．群数（試料総数）$N = 18$，1 群のデータ数 $n = 3$ である．

1) 各群の平均値 $\bar{x}$ とレンジ R を求める．表 5.8 に算出した $\bar{x}$ と R をまとめて示す．

2) 群の平均値 $\bar{\bar{x}}$ と群のレンジの平均値 $\bar{R}$ を求める．

$$\bar{\bar{x}} = \frac{1}{18}\sum_{i=1}^{18}\bar{x}_i = 18.8, \quad \bar{R} = \frac{1}{18}\sum_{i=1}^{18}R_i = 0.84$$

表 5.8 コンクリートの圧縮強度の測定値 [N/mm²]

試料番号 i	1	2	3	4	5	6	7	8	9
圧縮強度	18.0	19.3	18.6	18.1	18.8	18.8	19.2	18.6	19.5
	18.2	19.1	18.7	17.7	19.1	19.1	18.9	17.2	19.4
	18.3	18.7	19.1	16.9	19.0	18.6	18.6	18.1	20.1
群平均 $\bar{x}$	18.2	19.0	18.8	17.6	19.0	18.8	18.9	18.0	19.7
群レンジ R	0.3	0.6	0.5	1.2	0.3	0.5	0.6	1.4	0.7
試料番号 i	10	11	12	13	14	15	16	17	18
圧縮強度	18.7	19.1	16.6	19.2	18.9	18.8	20.9	18.9	20.1
	18.4	18.7	17.7	19.4	17.4	18.4	20.6	20.1	19.9
	17.9	19.6	17.8	18.5	18.2	19.0	19.7	18.8	20.6
群平均 $\bar{x}$	18.3	19.1	17.4	19.0	18.2	18.7	20.4	19.3	20.2
群レンジ R	0.8	0.9	1.2	0.9	1.5	0.6	1.2	1.3	0.7

3) $\bar{x}$-管理図の作成
　① $n = 3$ であるので，確率係数は表 5.5 より $A_2 = 1.023$ となる．
　② 管理限界線（UCL と LCL）を求める．
　　　$CL = \bar{\bar{x}} = 18.8$
　　　$UCL = \bar{\bar{x}} + A_2 \times \bar{R} = 18.8 + 1.023 \times 0.84 = 19.7$
　　　$LCL = \bar{\bar{x}} - A_2 \times \bar{R} = 18.8 - 1.023 \times 0.84 = 17.9$
　③ 管理図を描き $\bar{x}$ をプロットする．

4) R-管理図の作成
　① $n = 3 \leqq 6$ であるので，確率係数は表 5.5 より $D_4 = 2.575$ となり，上限管理だけを行う．
　　　$CL = \bar{R} = 0.84$
　　　$UCL = D_4 \times \bar{R} = 2.575 \times 0.84 = 2.16$
　② 管理図を描き R をプロットする．

図 5.21 に作成した $\bar{x}$-R 管理図を示す．

5) 判定
　早期の段階で $\bar{x}$ が管理限界線を超える場合がみられる．特に注目すべきは R がしだいに上昇していく傾向を示していることであり，原因の追求が必要であることを示唆している．したがって，工程が管理状態にないと判断される．

　管理限界線はできるだけ早く決める必要がある．しばらくの間は工事開始当初の試験値を利用せざるを得ないため，適宜最新の計測値を考慮して管理限界線を

図 5.21　$\bar{x}$-R 管理図

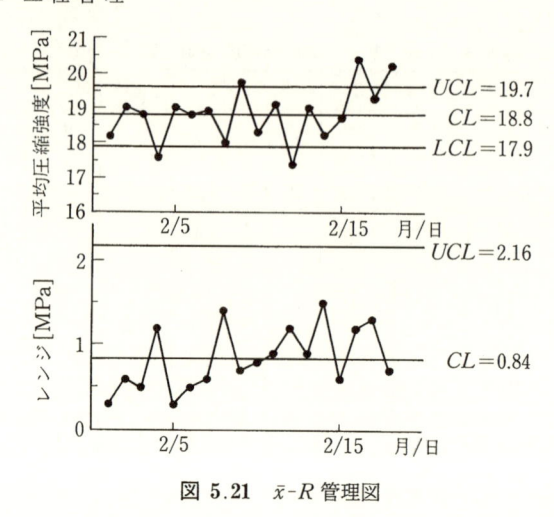

再計算し，修正を加えながらの管理となる．予備実験などで25組程度の予備データがあれば好つごうである．

5.6　ISO

5.6.1　建設業とISO

現在，建設業界を取り巻く環境は，公共工事の品質確保とコストの縮減や民間の建設投資の圧縮など，厳しい状況が続いている．また，ユーザーの立場が保護される製造物責任法（PL法，Product Liability）も施行され，顧客の満足度を重視する動きも急速に高まっている．このような状況の中，ISO 9000 s の考えが尊重され始めてきた．

この制度は，供給者が国際規格 ISO 9000 s による要求事項を満たす品質システムを構築しているかどうかを，第三者の審査登録機関が証明することで，供給者選定における安心感を与えるという目的をもっている．また，発注者と供給者の共通言語となり，透明性とオープン性をもつものとして，利点があると考えられている．

当初，輸出のパスポートとして普及した ISO 9000 s の審査登録制度は，規制緩和，透明性の確保などから，国内公共工事の調達分野で適用に関する研究が進み，建設業界でもこの動きを契機に自社の品質保証体制を見直し，意識の

5.6 ISO　153

転換，資質の向上を図る，という機運が高まってきた．また，1996年の世界貿易機構（WTO, World Trade Organization）政府調達協定の発効により，海外企業の日本の公共事業への参入の可能性がでてきた．その観点からも，建設各社ではISO 9000sの認証取得の必要性がでてきた．

　建設業におけるISO 9000sへの取組みは，1995年（平成7年）12月に初めて認証取得企業が現れ，1997年度（平成9年度）にはほとんどの大手建設業者が認証取得し，2000年（平成12年）2月には，建設分野における審査登録機関への登録が約1800件に達している．

5.6.2　ISO 9000sの概要
（1）　ISOの正式名称および目的
　ISOの正式名称は，International Organization for Standardizationといい，ギリシャ語の"ISOS＝相等しい"をとりいれてISOとしている．

　ISOは1947年に発足した国際機関で，国際的に通用する製品，用語，方法などの規格の標準化を推進し，その関連活動の発展・促進を図ることを目的に設置された機関である．わが国では「国際標準化機構」とよばれており，中央事務局をスイスのジュネーブに置く，非政府機関（民間の法人）である．わが国は，1952年に日本工業標準調査会が参加している．

　この機関のおもな役割は，前述のように「国際的に通用する規格や標準類を制定し国際交流の活性化に寄与すること」であり，電気関係を除くあらゆる分野の規格を制定している．身近なものでは，ISOねじやフィルム感度などがある．

（2）　ISO 9000sとは
　ISO 9000s（ISO 9000シリーズと読む）とは，1987年に制定された品質管理および品質保証に関する一連の国際規格のことで，製品そのものでなく，生産工程，過程を対象としている．ISO 9000sは，"顧客が満足する製品，サービスを提供できるだけの能力を維持するために，企業の品質システムが備えるべき事項（要求項目）を規定したもの"である．品質システムとは，「品質管理を実施するために必要となる組織構造，手順，プロセスおよび経営資源」とISO 8402に定義してある．

ISO 9000 s は，次に挙げる 9000-1〜9004 の五つの規格から構成されている．

1) ISO 9000-1：品質管理及び品質保証の規格 ― 選択および使用の指針

この規格の序文には，製品を供給する目的は，顧客のニーズおよび/または要求事項にこたえることであり，品質についての主要な概念を明確にし，これらの規格を選択し，手引を与えるものである，とある．すなわち，9001〜9004 の四つの規格の適用と使用方法を解説したもの．

2) ISO 9001：品質システム ― 設計，開発，製造，据付けおよび付帯サービスにおける品質保証モデル．（日本語に翻訳されたものが，JIS Z 9901）

3) ISO 9002：品質システム ― 製造，据付けおよび付帯サービスにおける品質保証モデル．（JIS Z 9902）

4) ISO 9003：品質システム ― 最終検査・試験における品質保証モデル．(JIS Z 9903)

5) ISO 9004：品質管理および品質システムの要素 ― 指針

供給者として考えなければならない品質管理および品質システムの基本要素を解説したもの．

5.6.3 ISO 9000 s 審査登録制度のしくみ

ISO 9000 s は，審査登録機関が建設業者の品質システムの有効性を審査し，ISO 9000 s のシステム規格に適合していればそれを認め，登録・公表するという第三者認証が行われている．

(1) 第三者認証

第三者認証とは，契約の当事者である顧客（発注者）や供給者（建設業者）とは別の第三者（審査登録機関）が，顧客に代わって規格の要求事項を確認することである．

これは，顧客と供給者との取引の円滑化，供給者の品質システムの向上という目的と，間接的には消費者の保護という側面ももっている．

(2) 審査登録機関と認定機関

審査登録機関は複数あるが，信用できる第三者となるには認定機関から認定される必要がある．認定機関は各国にひとつずつ設置されており，わが国では(財)日本適合性認定協会（JAB）がその機関である．JAB から認定された審

査登録機関は，建設分野では1999年（平成11年）3月末で19機関ある．

5.6.4 品質システムの目的および要求事項
（1） 品質システムの目的
品質システムの目的は「製品が，顧客の要求事項，供給者の定めた要求事項およびこの規格の要求事項に適合することを確実にする．」ためであり，その手段として品質システムを確立し，文書化し，利用するものである．

ISO 9001の適用範囲には「規定する要求事項は，設計から付帯サービスまでのすべての段階での不適合を防止することによって，顧客の満足を得ることを第一のねらいとしている．」と記述されている．

この規格を手段として利用し，効果的に運用すれば，不適合が減少し，顧客の満足を得ることができ，組織の利益の向上，最終的には組織の発展につながる．

（2） ISO 9001の要求事項
ISO 9001には，次の20の要求事項がある．

1　経営者の責任
2　品質システム
3　契約内容の確認
4　設計管理
5　文書およびデータの管理
6　購買
7　顧客支給品の管理
8　製品の識別およびトレーサビリティ
9　工程管理
10　検査・試験
11　検査，測定および試験装置の管理
12　検査・試験の状態
13　不適合品の管理
14　是正処置および予防処置
15　取扱い，保管，包装，保存および引渡し

16　品質記録の管理
17　内部品質監査
18　教育・訓練
19　付帯サービス
20　統計的手法

5.6.5　認証の維持・継続
認証取得後も，維持審査および更新審査がある．
（1）　維持審査（サーベイランス）
審査機関より，6か月または1年ごとに確認審査があり，おおむね3年で品質システムに関するすべての部門で維持審査がある．
（2）　更新審査
有効期間（3年）を経って継続を希望する場合行う．

5.6.6　公共工事を取り巻く状況と品質管理
（1）　最近の公共工事を取り巻く状況
① 　入札方式が改善され，一般競争入札の導入が始まった．
② 　公共工事市場が，外国業者にも開放されてきた．
③ 　公共工事においては品質の確保が要求されている．
（2）　高まる品質管理の重要性
① 　一般競争入札を視野に入れた，新しい品質保証の仕組みが要請されている．
② 　国際的な共通の基盤で評価する必要性が，高まってきた．
③ 　品質保証能力が，重視されだしてきた．

5.6.7　今後の ISO 9000 s
ISO 9001 は 2000 年 12 月には，次のように大幅に改定予定である．
（i）　現在の規格，ISO 9001～ISO 9003 の三つの規格が ISO 9001 に統合される．おもな改定内容は，次のとおりである．
① 　製造業指向から全業種・規模への適用．

② ISO 14001（環境マネジメントシステム）との整合性．
③ "品質保証"から"品質マネジメント"への変更（拡大）．
④ 適用除外処理の適用．
⑤ 顧客志向．
⑥ システムの継続的改善．
⑦ 教育訓練効果の評価システムの確立．
(ⅱ) ISO 9001に対するISO 9004の改正．
(ⅲ) ISO 8402とを統合したISO 9001の改正．

以上のような概要であるが，品質システムが品質マネジメントシステムに，そしていずれは「環境」・「安全」・「コスト」などを考慮したプロジェクトマネジメントシステムに統合されるであろう．

演 習 問 題

5.1 各作業の所要日数が図5.22のように与えられているとき，各結合点の最早・最遅結合点日程および各作業の全・自由余裕日数を求めよ．また，クリティカルパスを図に示せ．

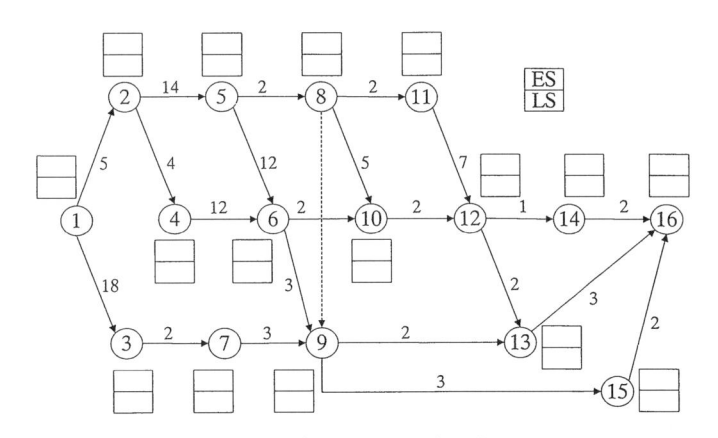

図 5.22 アローダイアグラムと各作業の所要日数

5.2 図5.23のネットワークに関して，各作業の所要日数の3点見積りができたと

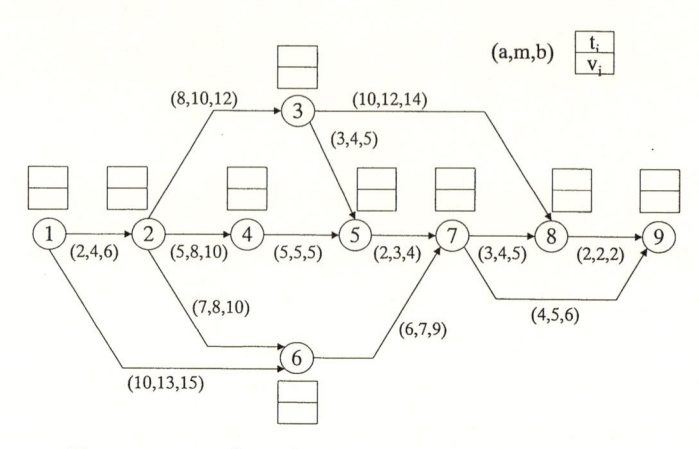

図 5.23　アローダイアグラムと各作業の所要日数の3点見積り

仮定して次の問に答えよ．
(1)　最終時点の日程の平均値と分散を求めよ．
(2)　納期は30日である．これは守れるであろうか（30日で終了する確率を求めよ）．

5.3　品質管理の目的を述べよ．
5.4　品質管理で統計量を用いる理由を述べよ．
5.5　土工の施工中の品質管理を行うとき，採用する品質特性を二つあげ，それぞれ必要な試験方法を述べよ．
5.6　ヒストグラムを作成する際，階級幅を設定する手順を述べよ．
5.7　あるコンクリート打設現場でスランプ試験を実施し，表5.9のデータを得た．規格値を 8 ± 2 cm として工程能力図を作成し管理状態を調べよ．

表 5.9

試料番号	1	2	3	4	5	6	7	8	9	10	11	12	13	14	15
スランプ値 [cm]	8.5	8.0	7.5	7.0	8.0	7.0	7.5	9.0	7.0	7.5	7.5	9.5	9.0	8.0	7.0

演習問題解答

1章 (土 工)

1.1 湿潤密度 γ_t と含水比 w [%] がわかれば，次式で乾燥密度 γ_d を計算できる．

$$\gamma_d = \frac{\gamma_t}{1 + \dfrac{w}{100}}$$

解表 1.1

締固め回数	1	2	3	4	5	6	7	8
浸潤密度 γ_t [kN/m³]	10.65	12.16	12.94	13.51	14.19	14.38	14.39	14.13
乾燥密度 γ_d [kN/m³]	6.86	7.28	7.28	7.55	7.89	7.75	7.50	7.11
含 水 比 w [%]	55.3	67.1	71.5	75.0	79.8	85.5	91.8	98.8

解図 1.1 から最大乾燥密度 $\gamma_{d\max} = 7.90\,\text{kN/m}^3$，最適含水比 $w_{opt} = 80.6\%$ となる．$\gamma_{d\max} \times 0.95 = 7.51\,\text{kN/m}^3$ となり，締固め曲線の交点 (A, B) から，許容施工含水比は 71.0～91.0% となる．

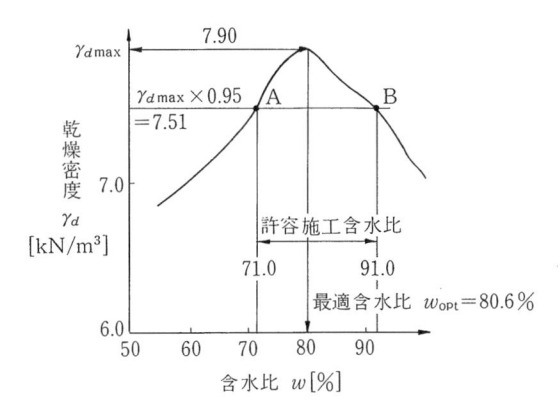

解図 1.1

1.2 タイヤローラーの土量による作業能力の式(1.24)は

$$Q = \frac{1\,000 \cdot V \cdot W \cdot H \cdot f \cdot E}{N}$$

題意より, $V = 3.0\,\text{km/h}$, $W = 1.5\,\text{m}$, $H = 0.3\,\text{m}$, $f = 0.85$, $E = 0.5$ より

$$Q = \frac{1\,000 \times 3.0 \times 1.5 \times 0.3 \times 0.85 \times 0.5}{5} = 114.8\,\text{m}^3/\text{h}$$

となる.

1.3 スクレーパのサイクルタイム C_{mc} を求める. スクレーパの速度を km/h から m/min に換算して, $D = S = 50\,\text{m}$, $H = R = 500\,\text{m}$ を代入すると

$$C_{mS} = \frac{D}{v_d} + \frac{H}{V_h} + \frac{S}{v_s} + \frac{R}{V_r} + t_0$$

$$= \frac{50}{83} + \frac{500}{333} + \frac{50}{83} + \frac{500}{417} + 1$$

$$= 4.9\,\text{min}$$

が得られる. スクレーパの容量 $q = 10.9$, 積載係数 $K = 1.0$, 土量換算係数 $f = 0.85$, 効率 $E = 0.7$ を代入すると

$$Q = \frac{60 \cdot q \cdot K \cdot f \cdot E}{C_{mc}} = \frac{60 \times 10.9 \times 1.0 \times 0.85 \times 0.5}{4.9}$$

$$= 79.4\,\text{m}^3/\text{h}$$

したがって, 地山 $3\,000\,\text{m}^3$ だから

$$\frac{3\,000}{79.4} = 37.8\,h, \quad \frac{37.8}{8} = 4.7\,\text{日}$$

となる.

1.4 ブルドーザーは近距離(約 60 m)の押土が効率がよいので, 切盛境部はブルドーザーを使用し, それ以外はショベルとダンプトラックの組合せで施工する.
マスカーブに水平線を引き, 交点の区間は土量が均衡する.

2 章 (基礎工)

2.1 ランキンは土中の応力状態から, モールの応力円を用いて支持力を導いている. 構造物直下(II)では最大主応力が q_u で, 最小主応力が σ_1, 構造物直下のすぐ近く(I)では最大主応力が σ_1, 最小主応力は $\gamma_t \cdot D_f$ になる. したがって, 図のようなモールの応力円がかける.

円 II より $\sin \phi = \dfrac{\overline{\text{T'C'}}}{\overline{\text{OC'}}}$ だから,

$$\sin \phi = \frac{\dfrac{q_u - \sigma_1}{2}}{c \cdot \cot \phi + \dfrac{q_u + \sigma_1}{2}} \tag{1}$$

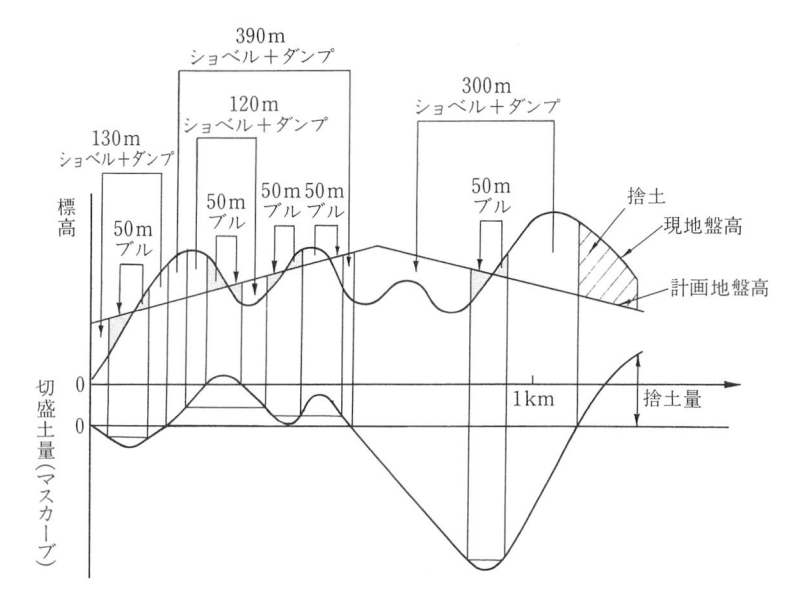

解図 2.1

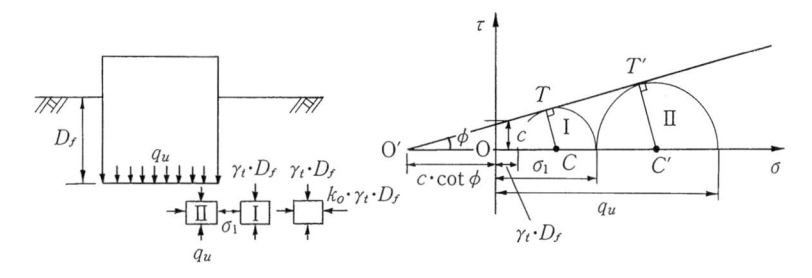

解図 2.2

式(1)より

$$\sigma_1 = q_u - 2c \cdot \cos\phi - q_u \cdot \sin\phi - \sigma_1 \cdot \sin\phi$$

$$\sigma_1(1 + \sin\phi) = q_u(1 - \sin\phi) - 2c \cdot \cos\phi$$

$$\sigma_1 = q_u \frac{1 - \sin\phi}{1 + \sin\phi} - 2c \frac{\cos\phi}{1 + \sin\phi}$$

$$= q_u \tan^2\left(45° - \frac{\phi}{2}\right) - 2c \tan\left(45° - \frac{\phi}{2}\right) \tag{2}$$

円 I より $\sin \phi = \dfrac{\overline{CT}}{\overline{O'C}}$ だから，

$$\sin \phi = \dfrac{\dfrac{\sigma_1 - \gamma_t \cdot D_f}{2}}{c \cdot \cot \phi + \dfrac{\sigma_1 + \gamma_t \cdot D_f}{2}} \tag{3}$$

$$\sigma_1 = \gamma_t \cdot D_f \dfrac{1 + \sin \phi}{1 - \sin \phi} + 2c \dfrac{\cos \phi}{1 - \sin \phi}$$

$$= \gamma_t \cdot D_f \tan^2\left(45° + \dfrac{\phi}{2}\right) + 2c \tan\left(45° + \dfrac{\phi}{2}\right) \tag{4}$$

式（2）と式（4）を等しいとして

$$q_u = \gamma_t \cdot D_f \tan^4\left(45° + \dfrac{\phi}{2}\right) + 2c \tan^3\left(45° + \dfrac{\phi}{2}\right) + 2c \tan\left(45° + \dfrac{\phi}{2}\right)$$

となる．

2.2 先端支持力は杭先端から上に $4D = 1.6\,\mathrm{m}$，下に $D = 0.4\,\mathrm{m}$ を先端付近の $\overline{N}$ とする．

$$\overline{N} = \dfrac{0.6 \times 18 + 1.4 \times 50}{2.0} = 40.4$$

$$\overline{N}_s = \dfrac{10 \times 10 + 18 \times 11 + 50 \times 1}{10 + 11 + 1} = 15.8$$

$$\overline{N}_c = 2$$

$$A_p = \pi r^2 = 0.126\,\mathrm{m^2}$$

$$A_s = 2\pi r l_s = 27.6$$

$$A_c = 2\pi r l_c = 10.1\,\mathrm{m}$$

したがって，

$$R_u = 9.8\left(40 \times 40.4 \times 0.126 + \dfrac{1}{5} \times 15.8 \times 27.6 + \dfrac{2}{2} \times 10.1\right)$$

$$= 2\,949\,\mathrm{kN}$$

となる．

2.3

ハイリー　$R_a = \dfrac{1}{6} \dfrac{W_H \cdot H}{S + 2.5} = \dfrac{1}{6} \dfrac{14.7 \times 200}{1.7 + 2.5} = 117\,\mathrm{kN}$

ASSHO　$R_a = \dfrac{1}{3} \dfrac{e_f \cdot F}{S + \dfrac{K}{2}} = \dfrac{1}{3} \dfrac{0.5 \times 14.7 \times 200}{1.7 + \dfrac{1}{2}} = 223\,\mathrm{kN}$

2.4 点 O を中心とするモーメントで釣合いを考えると，すべりを起こすモーメント M_0 は

$$M_0 = q_u \times B \times \frac{B}{2}$$

であり，すべりに抵抗するモーメント M_r は

$$M_r = \widehat{\mathrm{EF}} \cdot C \cdot B + D_f \cdot \gamma_t \cdot B \cdot \frac{B}{2} + \overline{\mathrm{EF}} \cdot C \cdot B$$

となる．極限状態では $M_0 = M_r$ であるから

$$q_u = C\left(2\pi + \frac{2D_f}{B}\right) + \gamma_t \cdot D_f$$

となり，上式に $C = 20\,\mathrm{kN/m^2}$, $D_f = 3\,\mathrm{m}$, $B = 5\,\mathrm{m}$, $\gamma_t = 17.6\,\mathrm{kN/m^3}$ を代入すると

$$q_u = 20\left(6.28 + \frac{2 \times 3}{5}\right) + 17.6 \times 3 = 202.4\,\mathrm{kN/m^2}$$

となる．

3章 （コンクリート工）

3.1 良いコンクリートとは良い材料をうまく施工し，できあがったコンクリートの性質が規格に合うものである．したがって，
- ○材料　1)　風化していないセメント（比重3.15以上）
　　　　　2)　不純物のない水
　　　　　3)　風化していない骨材（比重2.5以上）
　　　　　4)　球形または立方形に近く，大小混合している骨材
- ○施工　1)　ワーカブルな配合
　　　　　2)　完全な練り混ぜ
　　　　　3)　適当な締固め
　　　　　4)　適当な養生
- ○性質　1)　所要の強度を発揮
　　　　　2)　水密性と体積変化の小さいこと
　　　　　3)　均一なコンクリート

である．

3.2 式(3.4)および式(3.5)から，計量すべき細骨材料 S' と水 W' は

$$S' = S + S\frac{a}{100} = 750 + 750\frac{3}{100} = 772.5\,\mathrm{kg}$$

$$W' = W - (S' - S) = 150 - (772.5 - 750) = 127.5\,\mathrm{kg}$$

となる．

3.3 式(3.2)および式(3.3)より

計量すべき細骨材量 X と粗骨材料 Y は

$$X = \frac{100S - b(S+G)}{100 - (a+b)} = \frac{100 \times 750 - 2(750 + 1\,050)}{100 - (5+2)} = 736 \text{ kg}$$

$$Y = S + G - X = 750 + 1\,050 - 736 = 1\,064 \text{ kg}$$

となる.

3.4 プレストレストコンクリートにはプレテンション方式とポストテンション方式がある.

 (1) プレテンション方式

　解図 3.1 に示すように，あらかじめ鋼材を T の力で引っ張っておき，コンクリートを打設し，コンクリート硬化後に引張力を解除することにより，コンクリートに圧縮力を与える方法である．おもに，工場でつくられる．

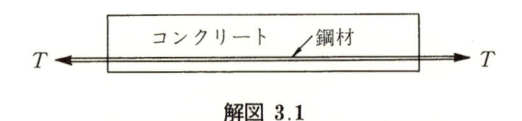

解図 3.1

 (2) ポストテンション方式

　解図 3.2 に示すように，あらかじめコンクリートに鋼材が入る部分にシース（さや管）をあけておき，コンクリート硬化後に鋼材を通し，引張り力 T を与えて止めることによりコンクリートに圧縮力を与える方法である．おもに，現場でつくられる．

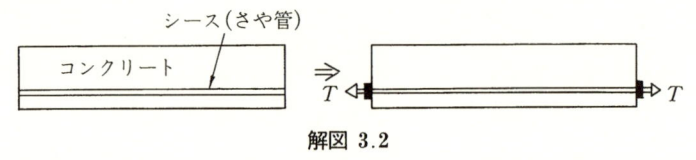

解図 3.2

4章 （トンネル工）

4.1 （3），（4），（5）

4.2 （1） NATM 工法（機械掘削）

　　（2） シールド工法

　　（3） NATM 工法（発破掘削）

　　（4） TBM 工法または NATM 工法（発破掘削）

　　（5） 開削工法

4.3 （1） レール工法または連続ベルトコンベヤー工法

　　（2） タイヤ工法

（3） レール工法または流体輸送システム
（4） タイヤ工法または連続ベルトコンベヤー工法

4.4 機械掘削工法 ── 自由断面掘削機 ── バケット式掘削機
                                 ├ ブーム式掘削機
                                 └ 大型ブレーカー
              └ 全断面掘削機 ── シールド
                              └ TBM

解図 4.1

4.5 （2），（4），（6）
（1），（5）はシールド工法で用いる支保，（3）は在来工法で用いる支保

4.6 4.5 掘削補助工法 参照

4.7 ① 鋼製セグメント
    ② RC セグメント
    ③ ダクタイルセグメント

5章 （工程管理）

5.1 各結合点の最早・最遅結合点日程，各作業の全・自由余裕日数およびクリティカルパスは，解表5.1および解図5.1に示すとおりで，このプロジェクトを完了

解表 5.1 結合点日程の平均値と分散

i	作業 (i, j)	3点見積り			指定期日	平均 D_{ij}	分散 σ_{ij}^2	結合点日程の平均値 t_i	結合点日程の分散 V_i	確率 P_i
1	(1, 2) (1, 6)	7 10	4 13	6 15		4.0 12.8	0.44 0.69	0	0	
2	(2, 3) (2, 4) (2, 6)	8 5 7	10 8 8	12 10 10		10.0 7.8 8.2	0.44 0.69 0.25	4.0	0.44	
3	(3, 5) (3, 8)	3 10	4 12	5 14		4.0 12.0	0.11 0.44	14.0	0.88	
4	(4, 5)	5	5	5		5.0	0.00	11.8	1.13	
5	(5, 7)	2	3	4		3.0	0.11	18.0	0.99	
6	(6, 7)	6	7	9		7.2	0.25	12.8	0.69	
7	(7, 8) (7, 9)	3 4	4 5	5 6		4.0 5.0	0.11 0.11	21.0	1.11	
8	(8, 9)	2	2	2		2.0	0.00	26.0	1.32	
9					30			28.0	1.32	

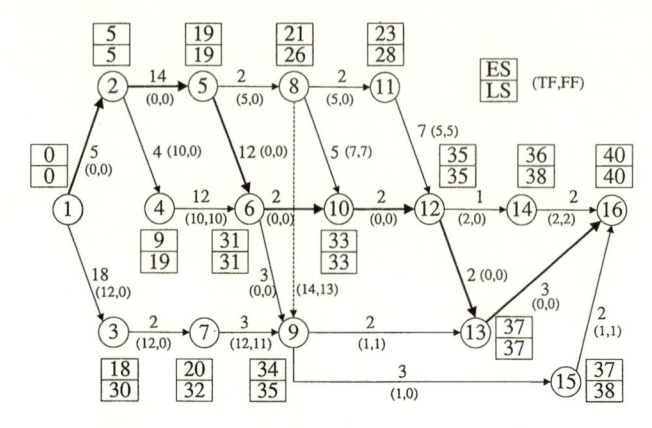

解図 5.1 最早・最遅結合点日程と全・自由余裕日数

するのに 40 日かかることがわかる．

5.2 （1）各作業および各結合点の日程の平均値と分散を示すと，解表5.2および解図5.2のとおりである．

（2）完了時点の日程は，平均 $t_9 = 28.0$，分散 $V_9 = 1.32$（標準偏差 $\sigma_9 = \sqrt{V_9} = \sqrt{1.32} = 1.15$）の正規分布に従う．このプロジェクトが 30 日で完了する確率は，$\Phi\left(\dfrac{30 - 28.0}{1.15}\right) = \Phi(1.741) = 0.959$ となる．したがって，このプロジェクトは 95% 以上の確率で完了することがわかる．

5.3 対象構造物が定められた許容範囲内で規格を満たし，かつ工程が安定した状態で構造物が完成できるように施工を維持すること．

5.4 品質特性は試験や計測により得られる測定値である．測定値（データ）はサンプリングや測定方法などによりばらつく．データがばらつくことはデータがある分布をもっているということであり，統計量でもって処理することが必要となる．

5.5 表5.3を参照のこと．施工含水比（含水量試験），締固め度（密度試験），CBR や支持力値は厳密には施工後に注目する品質特性といえる．

5.6 一般に，建設工事の場合にはデータ数が少ない場合が多く，階級数は 5〜10 が採用される．レンジ R を定めた階級数で除し，できれば測定単位の整数に丸め，階級幅とする．データ数に応じた階級数の目安を解表 5.3 に示す．

5.7 $UCL = 10 \text{ cm}$，$LCL = 6 \text{ cm}$ として工程能力図を描く．

　　5.5.4（3）項で述べた，いずれの対応レベルにも該当せず，一応，管理された状態にあるといえる．周期的変動も伺え，終り近くでは連続 5 点が下降傾向を示している．今後の趨勢しだいで原因調査が必要となる可能性がある．

解表 5.2 作業日程表

作業 (i, j)	所要日数	最早日程 開始	最早日程 終了	最遅日程 開始	最遅日程 終了	全余裕 TF	自由余裕 FF	クリティカルパス
(1, 2)	5	0	5	0	5	0	0	*
(1, 3)	18	0	18	12	30	12	0	
(2, 4)	4	5	9	15	19	10	0	
(2, 5)	14	5	19	5	19	0	0	*
(3, 7)	2	18	20	30	32	12	0	
(4, 6)	12	9	21	19	31	10	10	
(5, 6)	12	19	31	19	31	0	0	*
(5, 8)	2	19	21	24	26	5	0	
(6, 9)	3	31	34	32	35	1	0	
(6, 10)	2	31	33	31	33	0	0	*
(7, 9)	3	20	23	32	35	12	11	
(8, 9)	0	21	21	35	35	14	13	
(8, 10)	5	21	26	28	33	7	7	
(8, 11)	2	21	23	26	28	5	0	
(9, 13)	2	34	36	35	37	1	1	
(9, 15)	3	34	37	35	38	1	0	
(10, 12)	2	33	35	33	35	0	0	*
(11, 12)	7	23	30	28	35	5	5	
(12, 13)	2	35	37	35	37	0	0	*
(12, 14)	1	35	36	37	38	2	0	
(13, 16)	3	37	40	37	40	0	0	*
(14, 16)	2	36	38	38	40	2	2	
(15, 16)	2	37	39	38	40	1	1	

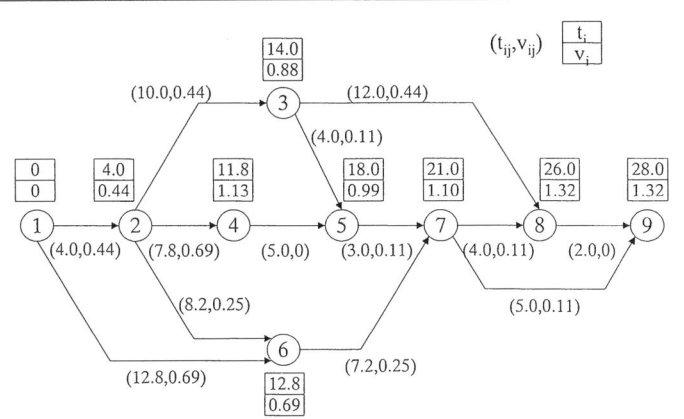

解図 5.2 各結合点の日程の平均値と分散

解表 5.3

データ数	階級数
50 以上	7〜8
100 以内	10
500 程度	10〜15
1 000 以上	20

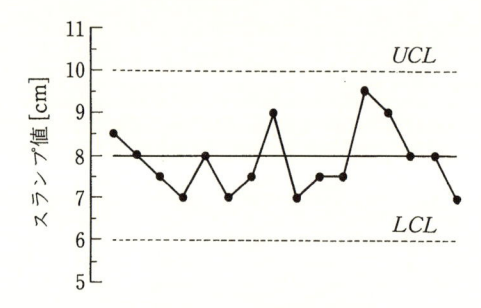

解図 5.3 工程能力図

参 考 文 献

1章 (土工)
1 山村和也, 近藤　正：新体系土木工学, 土構造, 土木学会編, 技報堂, 1989.
2 日本道路協会：道路土工指針, 1986.
3 大原資生, 三浦哲彦：最新土木施工, 森北出版, 1999.

2章 (基礎工)
1 大崎順彦：基礎構造, コロナ社, 1976.
2 矢作　枢, 大崎勝弘：新体系土木工学, 基礎工(1), 土木学会編, 技報堂, 1983.
3 島田安正：土木構造物の基礎, 鹿島出版会, 1977.
4 大原資生, 三浦哲彦：最新土木施工, 森北出版, 1999.
5 土質工学会：クイ基礎の調査・設計から施工まで, 1977.

3章 (コンクリート工)
1 矢野信太郎：土木施工学概論, 技報堂, 1976.
2 大原資生, 三浦哲彦：最新土木施工, 森北出版, 1999.
3 セメント協会：セメントの常識, 1992.

5章 (工程管理)
1 関根智明：PERT・CPM, 日科技連, 1989.
2 刀根　薫：PERT入門, 東洋経済新報社, 1985.
3 刀根　薫：PERT講座Ⅰ, 東洋経済新報社, 1972.
4 加藤昭吉：計画の科学, 講談社, 1965.
5 土木施工管理技術研究会：土木施工管理技術テキスト施工管理編 (改訂第5版), 地域開発研究所, 1998.
6 薩摩順吉：理工系の数学入門コース第7巻 確率・統計, 岩波書店, 1994.
7 中里博明：現場QC読本第11巻 統計的手法(Ⅰ), 日科技連, 1976.
8 土木学会コンクリート委員会：コンクリートライブラリー第18号, 現場コンクリートの品質管理と品質検査, 土木学会, 1969.
9 今泉益正, 川瀬　卓：現場QC読本第5巻 管理図の作り方, 日科技連, 1974.

索　　引

あ　行

アースドリル工法　　47
RCセグメント　　119
RQD　　93
アローダイアグラム　　121
アングルカット方式　　100
アンブレラ工法　　108,109
アンホ爆薬　　99
AN-FO　　99
ISO 9000s　　153
裏込め注入　　108
運搬距離　　11
AE剤　　62
大　背　　98
押え盛土工法　　108
オープンケーソン工法　　52

か　行

階級値　　143
開削工法　　94
開削トンネル　　88
下限管理限界線　　146
下限規格値　　143
型　枠　　75
下　半　　98
乾式吹付　　103
寒中コンクリート　　80
管理図　　145
管理中心線　　146
機械掘削　　96
木矢板　　101
凝　結　　74
極限支持力　　37
局所せん断破壊　　37
許容支持力　　37
切羽崩壊　　90
掘削補助工法　　108
クラムシェル　　17

クリティカルパス　　128
警戒限界線　　148
軽量コンクリート　　83
ケーソン　　35
ケルンコル　　91
ケルンバット　　91
現場配合　　63
硬　化　　74
鋼　杭　　44
こう質ダイナマイト　　99
鋼製支保工　　101
鋼製セグメント　　119
工程能力図　　143
こま型基礎　　55
コンクリート杭　　44
コンクリート振動機　　71
コンクリートポンプ　　70

さ　行

最可能値　　134
サイクルタイム　　13
細骨材　　61
最早開始日程　　126
最早結合点日程　　125
最早終了日程　　126
最大乾燥密度　　30
最遅開始日程　　127
最遅結合点日程　　125
最遅終了日程　　126
最適含水比　　30
在来工法　　93
逆巻工法　　107
山岳工法　　93
サンドドレーン　　42
支持杭　　43
湿式吹付　　103
示方配合　　63
支保工　　75

締固め管理基準　30	断　層　91, 92
締固め杭　43	断層粘土　92
自由余裕日数　128	タンピングローラー　25
出現率　147	ダンプトラック　21
順巻工法　107	地下連続壁基礎　55
上限管理限界線　146	中心極限定理　135
上限規格値　143	注入式長尺先受工法　109
上　半　98	中壁分割工法　98
上部半断面工法　98	丁張り　31
暑中コンクリート　79	沈埋工法　96
ショベル　16	沈埋トンネル　88
シールド工法　94	底設導坑先進工法　98
シールドマシン　94	鉄矢木　101
人工軽量骨材　61	転圧コンクリート　84
審査登録機関と認定機関　154	電気雷管　99
深層地盤改良工法　42	天端崩壊　90
振動ローラー　25	ディスクカッター　111
心抜き発破　100	TBM工法　93, 111
人力掘削　96	TBMトンネル　88
水中コンクリート　81	導火線　99
水密コンクリート　82	導爆線　99
スクレーパ　14	動力学的支持力公式　51
スーパークリティカルパス　131	土工機械　9
スムースブラスティング　93	度数分布曲線　143
スランプ　64	度数分布表　143
正規分布　135	土捨場　2
静力学的支持力公式　48	土積曲線　32
セグメント　118	土取場　2
施工基面　1	土　平　98
全断面工法　98	トラクターショベル　19
全般せん断破壊　37	ドラグライン　17
全余裕日数　127	土量換算係数　12
側壁導坑先進工法　98	土量の変化率　8
粗骨材　61	トンネルボーリングマシーン　88

た　行

第三者認証　154	NATM工法　93
タイヤ工法　100	ニューマチックケーソン工法　52
タイヤローラー　25	
ダウンヒルカット　29	**は　行**
ダクタイルセグメント　119	破砕帯　92
ダミー作業　122	場所打ちコンクリート杭　45
弾性波探査　93	バーチカルドレーン　41

な　行

索　引

バックホー　17
発破掘削　96
PERT　121
払い発破　100
パワーショベル　17
悲観値　134
ヒストグラム　143
標準偏差　142
表層地盤改良工法　42
品質規格　139
品質システム　155
品質特性　139
品質標準　139
フォアパイリング　101
フォローアップ　131
吹付コンクリート　93,101,103
覆工　106
不偏分散　142
不偏分散の平方根　142
ブルドーザー　11
フレッシュコンクリート　64
プレパックドコンクリート　82
プレローディング　41
分散　142
平均値　141
平行孔心抜き方式　100
ベノト工法　45
偏圧　90
ベンチカット　28
変動係数　142
膨張性地圧　92
ポリマーコンクリート　84

ポルトランドセメント　59
本調査　2

ま行

マカダムローラー　25
摩擦杭　43
ミキサー　68
メジアン　141
モード　142

や行

矢板式基礎　54
油圧削岩機　93
養生　74
溶接金網　101,104

ら行

楽観値　134
リードタイム作業　123
リバース工法　46
リミットパス　131
流動化コンクリート　83
リングカット工法　98
レディーミクストコンクリート　79
レール工法　100
連　147
レンジ　142
ロックボルト　93,101
ロードローラー　25

わ行

ワーカビリチー　62

著者略歴

藤原東雄（ふじわら　はるお）工学博士
- 1967 年　山口大学工学部土木科卒業
- 1967 年　松江工業高等専門学校助手
- 1971 年　九州大学大学院修士課程水工土木卒業
- 1971 年　フジタ工業㈱入社
- 1975 年　徳山工業高等専門学校助教授
- 1987 年　徳山工業高等専門学校教授
- 2008 年　徳山工業高等専門学校名誉教授（現在に至る）

青砥　宏（あおと　ひろし）工学修士
- 1969 年　九州大学工学部水工学科卒業
- 1971 年　九州大学大学院修士課程卒業
- 1971 年　大成建設㈱入社
- 1998 年　北信越支店　土木部長
- 　　　　　元 VSL JAPAN 株式会社　代表取締役社長

石橋孝治（いしばし　こうじ）工学博士
- 1974 年　九州工業大学工学部開発土木工学科卒業
- 1976 年　九州大学大学院工学研究科修士課程修了
- 1980 年　東京大学大学院工学系研究博士課程修了
- 1980 年　足利工業大学工学部講師
- 1982 年　足利工業大学工学部助教授
- 1985 年　佐賀大学理工学部助教授
- 1999 年　佐賀大学理工学部教授
- 2017 年　佐賀大学名誉教授（現在に至る）

清田　勝（きよた　まさる）工学博士
- 1975 年　佐賀大学理工学部土木工学科卒業
- 1977 年　佐賀大学大学院工学研究科修士課程土木工学専攻修了
- 1980 年　九州大学大学院工学研究科博士後期課程土木工学専攻単位修得退学
- 1980 年　福岡建設専門学校講師
- 1982 年　佐賀大学理工学部助手
- 1989 年　佐賀大学理工学部助教授
- 1999 年　佐賀大学理工学部教授（現在に至る）

建設工学シリーズ
土木施工　　　　　　©藤原東雄・青砥　宏・石橋孝治・清田　勝　*2000*

2000 年 10 月 30 日　第 1 版第 1 刷発行　【本書の無断転載を禁ず】
2019 年 2 月 28 日　第 1 版第 7 刷発行

著　者　藤原東雄・青砥　宏・石橋孝治・清田　勝
発行者　森北博巳
発行所　森北出版株式会社
　　　　東京都千代田区富士見 1-4-11（〒 102-0071）
　　　　電話 03-3265-8341／FAX 03-3264-8709
　　　　https://www.morikita.co.jp/
　　　　自然科学書協会　会員
　　　　|JCOPY|＜（一社）出版者著作権管理機構　委託出版物＞

落丁・乱丁本はお取替え致します　　　　印刷・製本／丸井工文社

Printed in Japan／ISBN 978-4-627-40691-9